Max Dieckmann

Leitfaden der drahtlosen Telegraphie für die Luftfahrt

bremen
university
press

Max Dieckmann

Leitfaden der drahtlosen Telegraphie für die Luftfahrt

ISBN/EAN: 9783955621346

Auflage: 1

Erscheinungsjahr: 2013

Erscheinungsort: Bremen, Deutschland

bremen
university
press

Leitfaden

der

drahtlosen Telegraphie für die Luftfahrt

Von

Dr. Max Dieckmann

Privatdozent für reine und angewandte Physik
an der Techn. Hochschule München

Mit 150 Textabbildungen

München und Berlin 1913

Vorwort.

Es wird stets schwierig sein, ein Fachgebiet, dessen Beherrschung eine solide Grundlage von speziellen Kenntnissen voraussetzt, einem nicht einheitlich vorgebildeten Kreis von Lesern zu vermitteln. Die an sich für das eigentliche Thema unerheblichen drei ersten Kapitel waren so erforderlich, um dem Bande innerhalb der Sammlung Selbständigkeit zu geben.

Denen, die nach der einen oder anderen Richtung ihre Kenntnisse besonders vertiefen wollen, darf ich folgende drei Werke empfehlen:

1. Das Gesamtgebiet behandelnd:

J. Zenneck, Lehrbuch der drahtlosen Telegraphie. II. Auflage, Stuttgart 1913.

2. Besonders die Messtechnik berücksichtigend:

H. Rein, Radiotelegraphisches Praktikum. II. Auflage, Berlin 1913.

3. Für Erlernung des Morsealphabetes und verkehrstechnische Fragen:

O. Ohlsberg, Handbuch für Funkentelegraphisten. Berlin 1911.

Dem Herrn Herausgeber und dem Verlag bin ich für die freundliche Nachsicht bei der Verzögerung der Drucklegung, Herrn F. Eppen für das Lesen der Korrektur zu besonderem Dank verpflichtet.

Gräfelfing, im September 1913.

Max Dieckmann.

Druckfehlerberichtigung.

Seite 13 Zeile 4 von unten: Kapazität statt Capazität.
Seite 37 Zeile 6 von unten: Induktionsversuch statt . . . vresuch.

Einleitung.

Die Einrichtungen der drahtlosen Telegraphie gestatten auf elektrischem Wege von einer Sendestation nach einer Empfangsstation Signale und Nachrichten zu übertragen ohne dass zwischen den beiden Stationen eine künstliche Verbindung besteht. Diese Tatsache ist für die Luftschiffahrt von bemerkenswerter Bedeutung, denn sie gibt die Möglichkeit, dass auf Fahrt befindliche Luftfahrzeuge unter sich oder, was wichtiger ist, mit Stationen auf der Erdoberfläche in Verbindung treten. Eine derartige Kommunikation kann nicht nur gelegentlich für einen direkten Nachrichtenaustausch erwünscht sein, sie kann auch das Hilfsmittel bilden zu einer ausserordentlichen Erhöhung der Betriebssicherheit im Verkehr mit Luftfahrzeugen jeder Art. Bei geeigneter Organisation könnte beispielsweise der Fahrzeugführer jederzeit auch bei unsichtigem Wetter über Fahrzeugort, Kurs und Wetterlage mühelos unterrichtet sein. Er wäre imstande, geeignete Befehle für eine Landung zu geben und etwa benötigte Reserveteile schon während der Fahrt anzufordern.

In den allgemeinen Gebrauch ist die drahtlose Telegraphie bei den Luftschiffen, Freiballons und Flugzeugen bisher wenig getreten, wenn man von den militärischen Luftschiffstationen sowie denen der Deutschen Luftschiffahrts-Aktiengesellschaft absieht, deren Erörterung hier füglich unterbleiben darf. Jedenfalls ist dieser Umstand nicht in einem Mangel der drahtlosen Telegraphie begründet. Im Gegenteil; sie hat ihre Anwendbar-

keit in zahlreichen Einzelfällen aufs Glänzendste bewiesen. Die
Ursache dürfte vielmehr in der Jugend beider Gebiete, der
Luftschiffahrt sowohl als der drahtlosen Telegraphie zu suchen
sein. Die rasche Entwickelung der Luftschiffahrt hat den Luft-
schiffingenieuren noch zu wenig Musse gelassen, diesen für sie
immerhin sekundären Fragen entsprechend näher zu treten, wie
auch die Ingenieure der drahtlosen Telegraphie, beschäftigt mit
der allgemeinen Ausbildung ihrer Systeme, diesen Spezialzweig erst
in jüngster Zeit entsprechend gepflegt haben. Der Zweck der vor-

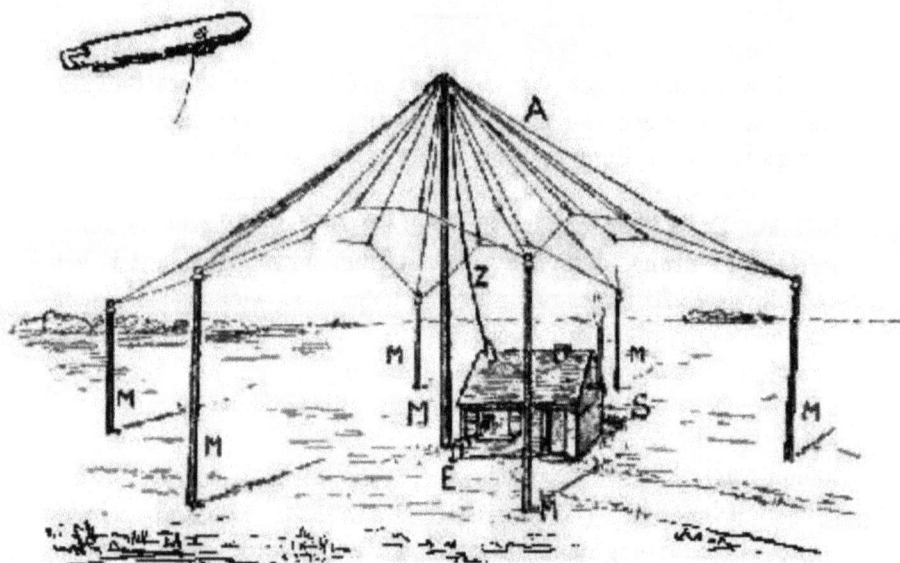

Abb. 1. Äusseres einer drahtlostelegraphischen Station.

liegenden Bändchen ist, dem Luftschiffer das Verständnis für
die drahtlose Telegraphie zu vermitteln und ihm die notwen-
digen theoretischen und praktischen Grundlagen für eine ein-
sichtsvolle Montage und Bedienung drahtlostelegraphischer Anordnungen an die Hand zu geben.

Das typische Äussere einer drahtlostelegraphischen Anlage
Abb. 1 dürfte einigermassen bekannt sein. Neben einem Stationsgebäude S, das die Sendeapparate und Empfangsapparate enthält und in dem sich eine Primärenergiequelle, Benzinmotor,

Dampfmaschine usf. befinden muss, wenn das Gebäude keinen
Kraftanschluss an eine benachbarte elektrische Zentrale besitzt,
erhebt sich eine Mastanlage MM' zur Verspannung der sogenannten Antenne. Die Anordnung dieser Antenne kann auf
mancherlei Art geschehen. Wesentlich ist, dass leitende
Metallmassen, Drähte oder Bänder A in tunlichst grossem Abstand vom Erdboden isoliert angebracht und durch eine Zu-

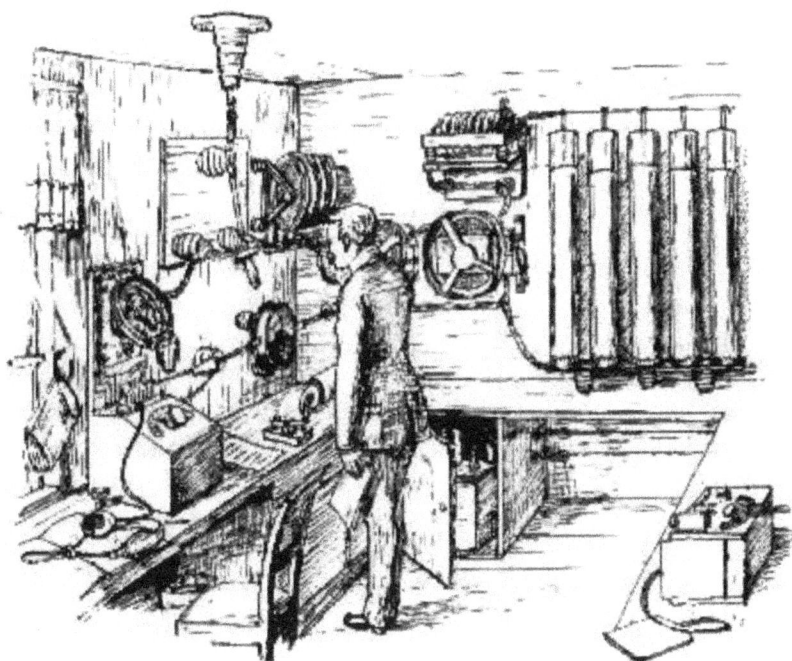

Abb. 2. Inneres einer drahtlostelegraphischen Station.

leitung Z mit dem Stationsgebäude verbunden werden. Aus
dem Stationsgebäude führt eine weitere Leitung E heraus.
Sie steht mit im Boden versenkten Metallplatten, Drahtnetzen
oder dem Grundwasser in Verbindung, wenn die Konstrukteure
nicht vorgezogen haben, in einigem Abstand über dem Erdboden isoliert ein zweites Drahtsystem als „Gegengewicht"
zu verspannen. Dieses Gegengewicht tritt dann an Stelle der
„Erde".

1*

— 4 —

Die Gegenstation, die in Abb. 1 als Luftschiffstation skizziert ist, enthält die erforderlichen Stationsapparate in der Gondel oder Kabine. Die Antenne hängt, damit man die nötige Vertikalerstreckung des Luftleitergebildes erhält, einfach als Drahtlitze nach unten. Als Gegengewicht dienen die Metallteile des Luftschiffgerippes oder besondere angeordnete Gegengewichtsleiter.

Abb. 3. Ballonempfänger.

Von den im Innern der Stationsräume befindliche Anordnungen zum Geben und Empfangen lässt sich ein typisches Bild kaum entwerfen. Immerhin kann Abbildung 2 eine Vorstellung von einer derartigen Einrichtung mit ihrer auf den ersten Blick nicht übersehbaren Mannigfaltigkeit von Schaltern, Einstellvorrichtungen, Spezialapparaten und Messinstrumenten in einem Stationsgebäude vermitteln.

Abbildung 3 stellt ein entsprechendes Bild für eine Luftschiffempfangsstation vor, in welcher der Luftschiffer gerade mit dem Telephonhörer eine Nachricht vom Erdboden entgegennimmt, die der Telegraphist von Abbildung 2 durch Drücken des Morsetasters gibt. Der Luftschiffer hört die abgesandten Punkte und Strichfolgen des Morsealphabetes in demselben Rhythmus als ein deutliches Singen im Telephonhörer. Durch fortlaufendes Nachschreiben der von kurzen Zwischenräumen unterbrochenen Buchstabensignale setzt er sich den Text der Meldung wieder zusammen.

Während die Abbildungen 2 und 3 uns vorerst nur eine gewisse Anschauung von den für die drahtlose Telegraphie in

Frage kommenden Anordnungen gibt, führt uns die folgende Skizze 4 bereits erheblich tiefer in das Wesen der drahtlosen Telegraphie ein. Sie gibt ein prinzipielles Schema der beim Senden und Empfangen vor sich gehenden Energieumformungen. Links auf dieser Skizze ist eine Sendestation angenommen, rechts eine Empfangsstation. Die einzelnen umgrenzten Flächenteile repräsentieren von Stufe zu Stufe die betreffenden Energieformen, wobei die Richtung der Pfeile den Sinn der Umwandlung angibt.

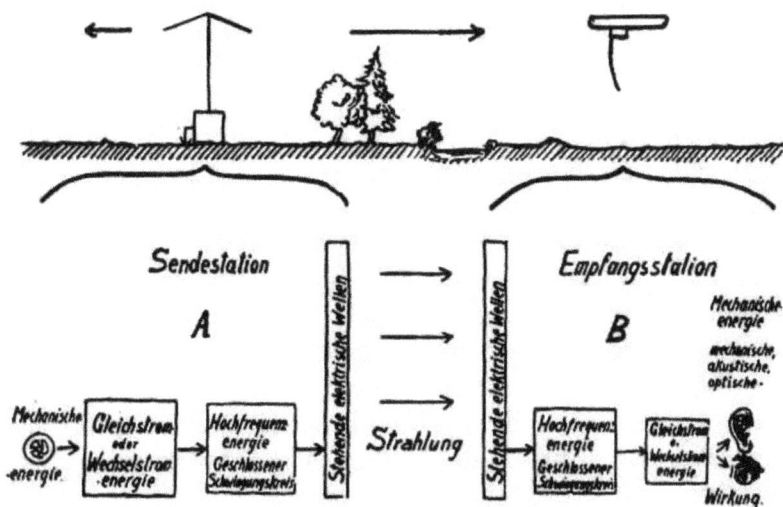

Abb. 4. Schema der Energieumwandlungen.

Die vorhandene Primärenergie wird, wenn sie nicht schon in Form elektrischer Energie (Anschluss an fremde Zentrale, galvanische Elemente) vorliegt, mit Hilfe einer Dynamomaschine in Gleichstrom oder Wechselstrom niederer Frequenz (50 bis 2000 Wechsel pro Sek.) umgewandelt.

Die nächste Stufe ist die der Hochfrequenzenergie; man stellt sich durch Kondensatorentladungen elektrische Schwingungen her, deren Strom etwa 100000 bis 1000000 mal pro Sekunde die Richtung ändert. Die Hochfrequenzströme werden zur Ausbildung stehender elektrischer Wellen benützt und zwar geschieht dies in den Antennen. Von den Antennen strahlt die Energie in Form elektromagnetischer Wellen mit Lichtgeschwindigkeit in den Raum aus. Dort, wo diese Wellen ein entsprechendes Luftdrahtgebilde treffen, also die Antenne einer Empfangsstation, erzeugen sie auf ihm wieder stehende Wellen. Die Energie dieser stehenden Wellen wird durch geeignete Vorrichtungen in der nächsten Stufe in die Energieform gewöhnlicher Hochfrequenzströme zurückverwandelt. Die Hochfrequenzenergie endlich setzt sich in Gleichstrom und Wechselstrom um, der in der letzten Stufe in eine Energieform übergeführt wird, die von den menschlichen Sinnesorganen unmittelbar wahrgenommen werden kann. Es werden akustische, optische oder mechanische, Auge und Ohr unmittelbar oder mittelbar affizierende Vorgänge betätigt.

Diese ganze Umwandlungsserie von Energieformen weist hinsichtlich der Prozesse im Sender und im Empfänger eine deutliche Symmetrie auf. Ursprünglich hat man mechanische Energie bzw. Wechsel- oder Gleichstromenergie zur Verfügung, über die verschiedenen sich links und rechts entsprechenden Zwischenformen, erhält man am Ende der Reihe wieder Wechsel- oder Gleichstromenergie zum Betriebe des Anzeigeapparates zurück.

Da keiner der einzelnen Umwandlungsprozesse ideal in dem Sinne verläuft, dass alle jeweils zugeführte Energie restlos und ohne Wärmeverluste in die nächste Form überginge, da vor allem von der ausgestrahlten Energie nur ein äusserst kleiner Bruchteil in die Empfangsanlage gelangt, so ist der ganze Übertragungsprozess energetisch genommen relativ unvollkommen. Von der im Sender zugeführten Energie erscheint im Empfänger nur ein fast verschwindender Betrag. Wenn dieser Betrag aber ausreicht, die Anzeigeapparate sicher zum Ansprechen zu bringen, so ist der Zweck der Anlage, die Verständigung über grössere Entfernungen ohne künstliche Leitung hinreichend erfüllt.

Die verschiedenen Systeme der drahtlosen Telegraphie benützen verschiedene Prinzipien und Instrumentarien bei den in Frage kommenden Energieumwandlungen. Vom Jahre 1896 an, in welchem dem Italiener Marconi zum ersten Male über einige Kilometer eine drahtlostelegraphische Verständigung gelang, sind fortlaufend wesentliche Verbesserungen und Vervollkommnungen von Erfindern und Ingenieuren aller Kulturstaaten, insbesondere auch von d e u t s c h er Seite vorgenommen worden. Das Verständnis der drahtlostelegraphischen Anordnungen und die Anwendung der drahtlosen Telegraphie auf die Luftschiffahrt setzt somit die Kenntnis der grundlegenden Begriffe und physikalischen Tatsachen, welche bei den aufgeführten Energieumwandlungen eine Rolle spielen, voraus. Es sind dies zahlreiche Gesetze der ruhenden Elektrizität, der Gleichströme, Wechselströme, Hochfrequenzströme und der elektromagnetischen Strahlung. Mit ihnen beschäftigen sich in der angeführten Reihenfolge die Kapitel des ersten Abschnittes. Der z w e i t e Abschnitt behandelt dann die wichtigsten drahtlostelegraphischen Systeme und Anordnungen, der dritte endlich die speziellen Anwendungen auf die Luftschiffahrt.

I. Teil.
Physikalische Tatsachen.

I. Kapitel.
Die atomistische Auffassung der Elektrizität.

Elektronen. Die moderne Elektrizitätslehre steht auf einem atomistischen Standpunkt, das heisst sie fasst alle elektrischen Erscheinungen auf als die Wirkungen kleinster, nicht weiter unterteilbarer Elektrizitätsquanten. Diese kleinsten Quanten, die unter sich völlig gleich beschaffen sind, werden als die „Elektronen" bezeichnet.

Jedes Materieatom, also jeder chemisch nicht weiter unterteilbare Baustein der uns umgebenden Körperwelt enthält nach dieser Auffassung in seinem gewöhnlichen, unelektrisierten Zustand trotz seiner chemischen Einheitlichkeit eine gewisse Anzahl dieser Elektronen.

Um ein rohes, aber gerade an dieser Stelle entschuldbares Bild zu gebrauchen, kann man ein Atom etwa mit der Kugel eines mit Wasserstoff gefüllten Luftballons vergleichen. In einer derartigen Kugelhülle, die wir uns gerade in der Gleichgewichtslage schwebend denken wollen, sitzt, obwohl sie von aussen betrachtet eine geschlossene Einheit vorstellt, im Innern die schier zahllose Menge von Wasserstoffteilchen.

Es verhält sich dann in diesem Bilde das chemische Atom zu den Elektronen, wie die Ballonhülle zu den Wasserstoffteilchen ihrer Füllung.

Besitzt ein Atom mehr Elektronen, als seinem gewöhnlichen „Gleichgewichtszustand" entsprechen, so nennt man das Atom, oder den aus solchen Atomen aufgebauten Körper negativ elektrisch geladen.

In unserem Bilde würde das einem Luftballon entsprechen, der mit Wasserstoff nachgefüllt wird und so einen grösseren Auftrieb erhält.

Besitzt ein Atom dagegen weniger Elektronen, als seinem Gleichgewichtszustand entsprechen, hat es aus einem gewissen Grunde Elektronen verloren, dann nennt man es positiv elektrisch geladen.

Dies würde einem Ballon entsprechen, bei dem man durch Ventilziehen hat Gas ausströmen lassen.

Positiv (+) elektrische und negativ (—) elektrische Ladungen gehen also auf dieselbe Grundursache zurück, sie bezeichnen den Mangel oder Überfluss an Elektronen. Jede Elektrizitätsmenge ist danach ein ganzzahliges Vielfache der Ladung eines Elektrons. Bis auf das Vorzeichen gleiche Elektrizitätsmengen können sich neutralisieren, wenn sie auf demselben System zusammen kommen, denn gleich grosser Mangel und Überfluss heben sich auf.

Gerade so, wie das aus einem Ballon ausströmende Gas selbständig als solches weiter bestehen kann, können auch die etwa einem Atom entnommenen Elektronen als freie negative Elektrizität selbständig existieren. Bei gewissen Gasentladungen, die Sonderfälle der Funkenentladung vorstellen, kennen wir derartige Elektrizitätsmengen, die völlig losgelöst von der Materie bestehen.

In analoger Art von Materie befreite positive Elektrizitätsmengen sind nicht bekannt. Sie würden in unserem Bilde auch keinen Platz finden. Denn auch ein etwa ganz entleerter Ballon ist nichts als ein des Gases mangelnder Ballon — ein maximal positiv elektrisiertes Atom.

Elektronen kann man nicht schaffen und nicht zerstören. Man kann sie nur aus den Atomen trennen oder frei machen. Bei einem derartigen Prozess der Sammlung von Elektronen auf einem Körper entsteht immer gleichzeitig dort, woher man die Elektronen nahm, ein äquivalenter Mangel.

Die an diesem Gleichnis entwickelte unitarisch atomistische Auffassung der Elektrizität gibt in vielen Fällen eine bequeme Handhabe, die elektrischen Erscheinungen zu übersehen. Unter nunmehriger Verabschiedung des Bildes seien deshalb hier einige für das spätere wesentliche Tatsachen und Vorstellungen aufgeführt.

Leiter I. und II. Klasse. Es gibt eine grosse Reihe von Substanzen, deren Atome die Elektronen nicht allzu fest binden, derart, dass Elektronen in das Atom hinein und aus dem Atom heraustreten und sich als freie Elektronen zwischen den Atomen mehr oder weniger leicht bewegen können. Solche Substanzen, in denen sich die Elektrizität frei ohne Materietransport bewegen kann (es sind namentlich die Metalle), nennt man Leiter I. Klasse für die Elektrizität.

Als Leiter II. Klasse werden andere Substanzen bezeichnet (es handelt sich meist um Flüssigkeiten oder Gase), bei denen sich Atome oder Moleküle, die einen Über- oder Unterschuss an Elektronen haben, bei gegebenem Anlasse in Bewegung setzen, so dass hier ein Elektrizitätstransport immer von einem Materietransport begleitet ist. Derartige Materieteilchen, die wandernd ihre Ladung transportieren können, nennt man Ionen. Je nach dem Vorzeichen unterscheidet man positive und negative Ionen. Die Leiter zweiter Klasse leiten durch Ionentransport. Flüssige Leiter II. Klasse heissen auch Elektrolyte.

Isolatoren. Im Gegensatz zu den Leitern stehen zahlreiche weitere Substanzen, deren Atome oder Moleküle die Elektronen fest binden und nicht hergeben. Nur innerhalb des Atomes können sich die Elektronen einigermassen bewegen. Derartige isolierende Materialien spielen allgemein eine grosse Rolle, wenn es sich darum handelt, Leiteranordnungen, auf denen sich bestimmte elektrische Prozesse abspielen sollen, von der Umgebung wirksam zu trennen. Hartgummi, Gummi, Porzellan, Glas, Pressspan usf. sind in diesem Sinne gute Isolatoren.

Das Feld ruhender Ladungen. Wenn sich irgendwo an einem Punkt ein Mangel resp. Überschuss an Elektronen befindet, also mit anderen Worten, wenn an diesem Punkte eine elektrische Ladung vorhanden ist, so erleidet auch die Umgebung dieses Punktes gewisse Veränderungen. Es herrscht in dieser Umgebung ein Zwangszustand, der sich darin äussert, dass andere genäherte elektrische Ladungen abgestossen oder angezogen werden, je nachdem sie das gleiche oder entgegengesetzte Vorzeichen der dort bestehenden Ladung besitzen. Die Anziehungs- resp. Abstossungskräfte in einem derartigen Bezirk, den man ein elektrostatisches Feld nennt, haben überall eine ganz bestimmte Richtung und Stärke. Man kann ein solches von einer Ladung herrührendes Feld dadurch bildlich charakterisieren, dass man wie in Abbildung 5 die Richtung der Kräfte durch Pfeillinien angibt, die Stärke der Kräfte aber durch die Anzahl der gezeichneten Linien ausdrückt. Der Pfeil dieser so definierten

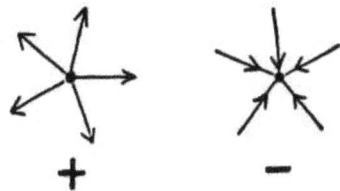

Abb. 5. Elektrisches Feld einer punktförmigen positiven und negativen Ladung.

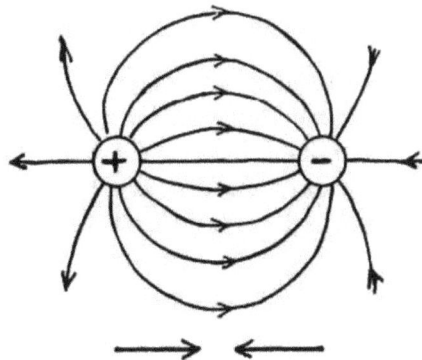

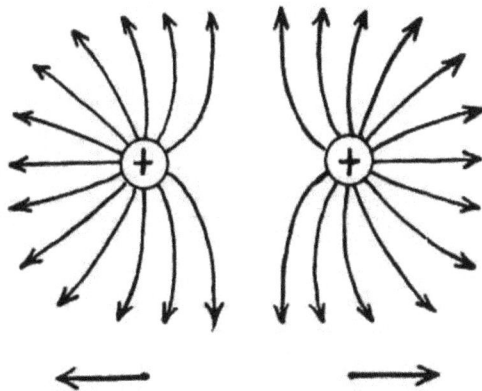

Abb. 6. Anziehung ungleichnamiger und Abstossung gleichnamiger Ladung.

elektrischen Kraftlinien gibt stets die Richtung an, in welcher sich eine positive Ladung bewegen würde. Positive Ladungen sind „Quellen", negative Ladungen „Sinkstellen" dieser Kraftlinien. Abbildung 6 zeigt das Feld beim gleich-

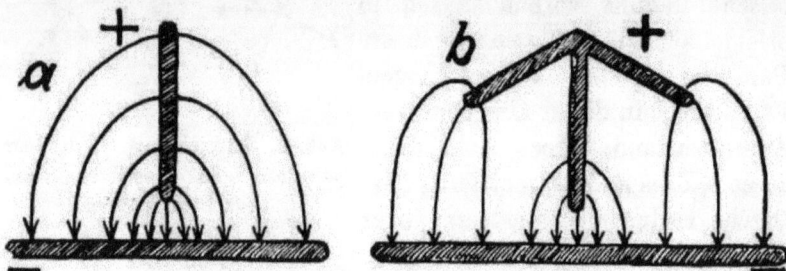

Abb. 7. Verlauf der elektrischen Kraftlinien.

zeitigen Vorhandensein zweier ungleichnamig und zweier gleichnamig geladener Kugeln. Man übersieht, für den Fall die Kugeln Bewegungsfreiheit haben, die Art der eintretenden Bewegung, wenn man annimmt, dass die Kraftlinien einmal das Bestreben haben, sich in ihrer eigenen Richtung zu verkürzen und quer

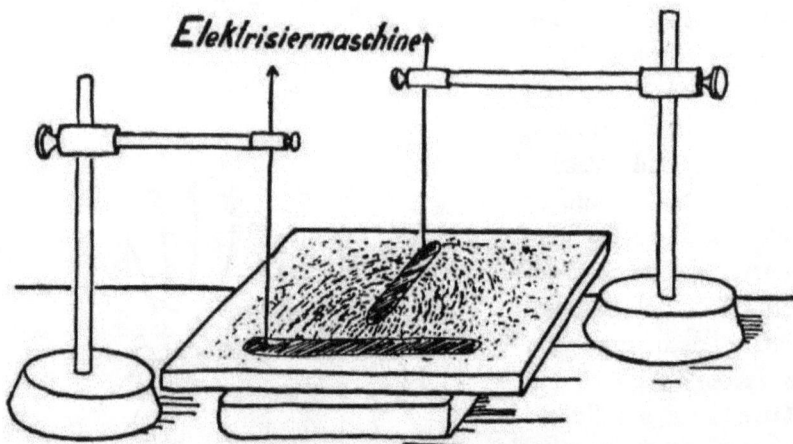

Abb. 8. Herstellung elektrischer Kraftlinienbilder.

dazu sich gegenseitig abzustossen. Die Kraftlinien stehen stets senkrecht zur Oberfläche der Leiter. Um ein für uns wichtiges Beispiel anzuführen, ist in Abb. 7a der Verlauf eines Feldes gezeichnet, das sich zwischen einem vertikal gestellten Leiter und einer entgegengesetzt geladenen, leitenden Fläche ausbilden muss. Ein derartiger Feldverlauf würde etwa zwischen einer geladenen Vertikalantenne und dem entgegengesetzt geladenen Erdboden anzunehmen sein. Bei einer Schirmatenne nach Abb. 1 würde sich das Bild von 7b ergeben.

Man kann den Verlauf derartiger elektrischer Kraftlinien experimentell anschaulich machen, wenn man Staniolmodelle der Leiter auf eine Glasplatte legt (C. Fischer), die mit pulverisierten Gipskristallen bestreut wird. Ladet man dann die Modelle, wie Abb. 8 erkennen lässt, elektrisch auf, so ordnen sich die Kristalle in Richtung der Kraftlinien und man erhält instruktive elektrische Kraftlinienbilder.

Die Abstossung gleichnamiger Ladungen macht es ohne weiteres verständlich, dass der Sitz der Ladung eines Leiters immer die Oberfläche sein muss. Die Ladungen entfernen sich tunlichst weit voneinander. Ist der Leiter gekrümmt, so ist die grösste „Oberflächendichte" der Ladung an den Stellen stärkster Krümmung anzutreffen (Abb. 9).

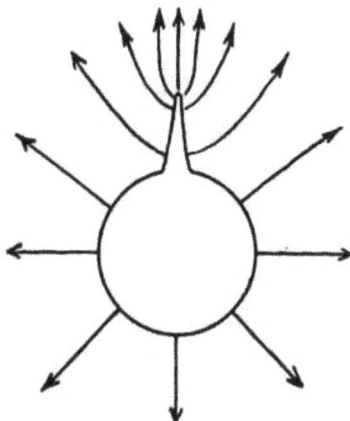

Abb. 9. Elektrisches Feld um geladenen Körper.

Elektrizitätsmenge. Jede Elektrizitätsmenge ist nach dem eingangs gesagten ein ganzes Vielfaches der Ladung des Elementarquantums. Die technische Masseinheit der Elektrizitätsmenge, das Coulomb, ist gegeben, wenn ca. 6400000000000000000, oder, anders geschrieben, $6,4 \times 10^{18}$ Elektronen je nach dem Vorzeichen der Elektrizitätsmenge im Über- oder Unterschuss vorhanden sind. Die Ladung dieses Elementarquantums ist durch viele elektrische und optische Beobachtungen gegeben.

Capazität. Jeder Leiter ist durch seine Grösse und Anordnung mehr oder weniger zur Aufnahme von Elektrizität geeignet. Auf eine freihängende Kugel von 1 cm Radius, die in einem uns hier nicht interessierenden Masssystem als „Centi-

meter" die Einheit des elektrischen Fassungsvermögens oder
der Kapazität repräsentiert, kann man eine grössere Elektrizitätsmenge nur schwer heraufbringen. Die eng beieinander befindlichen, sich gegenseitig abstossenden Ladungen bewirken, dass man
eine grosse A r b e i t a u f w e n d e n m u s s, um eine neue Ladung
gleichen Vorzeichens entgegen der Abstossungskraft an die
Kugel heranzuführen. Die technische Einheit der Kapazität,
das F a r a d, ist 9×10^{11} mal so gross, als dies „Centimeter"
und entspricht somit einer Kugel von nicht weniger als 9000000 km
Radius.

P o t e n t i a l. Wenn man einem elektrisch geladenen Leiter
weitere Elektrizitätsmengen desselben Vorzeichens zuführen will,
so muss man nach dem Gesagten eine immer grössere Arbeit
aufwenden, um diese Elektrizitätsmengen entgegen der Abstossungskraft an den Leiter heranzubewegen.

Der Fall liegt äusserlich ähnlich, wie wenn man in ein
geschlossenes Gefäss Gas hineindrücken will. Der Druck oder
die Spannung in dem Gefäss wächst mit der Menge des zugeführten Gases.

Der Druckdifferenz gegen den Aussenraum entspricht in
dem Bild die elektrische S p a n n u n g s d i f f e r e n z oder P o t e n t i a l-
d i f f e r e n z gegen die unelektrisierte Umgebung.

Je kleiner die Kapazität C eines Leiters ist, um so höhere
Potentiale V nimmt er an, wenn dieselbe Elektrizitätsmenge Q
zugeführt wird. Es gilt somit:

$$V = \frac{Q}{C} \qquad \dots \dots \dots \quad 1)$$

Sind Q in Coulomb und C in Farad ausgedrückt, so ist
über die Einheit des Potentiales verfügt. Diese Einheit ist das
Volt und man kann die Gleichung 1 schreiben:

$$1 \text{ Volt} = \frac{1 \text{ Coulomb}}{1 \text{ Farad}} \qquad \dots \dots \quad 2)$$

Um die Elektrizitätsmenge 1 Coulomb auf einen Leiter von
1 Farad Kapazität zu bringen, so dass dessen Potential um
1 Volt steigt, ist bemerkenswerterweise auch gerade die E i n-
h e i t d e r A r b e i t, 1 J o u l e erforderlich.

Auf einem Leiter gleichen sich etwaige hervorgerufene elektrische Potentialunterschiede sehr rasch aus, so dass die gesamte Oberfläche eines Leiters, wenn man nur Dauerzustände betrachtet, stets das gleiche Potential besitzt. Ebenso können im Innern des Leiters keine Kraftlinien bestehen.

Kondensator. Wenn ein geladener Leiter in die Nähe eines ungeladenen Leiters gebracht wird, so übt sein Feld auf die Elektronen dieses Leiters eine Wirkung aus. Entsprechend der Richtung der den Leiter treffenden Kraftlinien werden die Elektronen angezogen oder abgestossen. Der Leiter enthält eine Ladungsverteilung durch Influenz. Wenn A in. Abb. 10 eine geladene Platte vorstellt, so werden durch die Kraftlinien die Elektronen der Platte B angezogen und auf der A zugewandten Seite tritt negative Influenzladung auf. Verbindet man B leitend mit einer grossen Kapazität, am besten mit der Erdkugel, so fliessen die abgestossenen Ladungen dahin ab, während die negative Ladung auf B gebunden bleibt. Die Elektrizitätsmenge auf A besitzt dadurch, dass die positiven Ladungen von den Elektronen auf B angezogen werden,

Abb. 10. Kondensator.

ein viel kleineres Potential als vor der Annäherung. Man kann jetzt neue positive Elektrizitätsmenge auf A heraufbringen, bis das frühere Potential wieder erreicht ist. Eine derartige aus zwei „Belegungen" A und B bestehende Leiteranordnung von erhöhter Kapazität nennt man einen Kondensator.

Dielektrikum. Die Kapazität einer derartigen Anordnung hängt aber nicht nur ab von der Grösse der Oberfläche der Platten in cm² und ihrem Abstand a in cm, sondern auch von der Natur des Zwischenmittels, das bisher immer stillschweigend als Luft vorausgesetzt wurde. Stellt man zwei der-

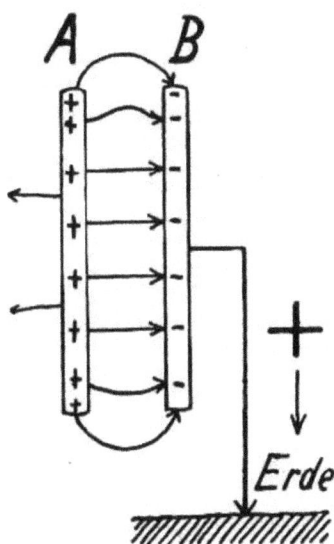

artige Platten parallel, getrennt durch einen beliebigen Isolator, einander gegenüber, so berechnet sich der Kapazitätswert dieses Plattenkondensators als:

$$C = \frac{\varepsilon}{4\pi} \frac{O}{a} \, 1,11 \times 10^{-12} \text{ Farad} \quad \ldots \ldots \quad 3)$$

ε heisst die Dielektrizitätskonstante des Isolators, sie besitzt für Luft den Wert 1, für Paraffinöl 2,7, für Glas 4—10, für chemisch völlig reines Wasser 81.

Dadurch, dass das Dielektrikum zwischen den Platten von den elektrischen Kraftlinien erfüllt wird, ist es elektrisch polarisiert. In einer zwischengebrachten Glasplatte beispielsweise ordnen sich die Elektronen genau wie in einem, einer Influenzwirkung unterliegenden Leiter, nur dass jetzt des Isolators wegen die Umlagerung der Elektronen sich auf die einzelnen Moleküle beschränkt.

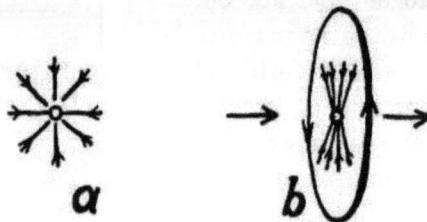

Abb. 11. Feldverteilung um das ruhende und bewegte Elektron.

Bewegte Elektronen. Die Vorgänge im Dielektrikum spielen bei der drahtlosen Telegraphie eine besondere Rolle. Das Dielektrikum ist der Sitz der elektrischen Felder. Wenn irgendwo eine Veränderung in der Anordnung elektrischer Ladungen vor sich geht, so muss der entsprechende elektrische Feldzustand sich von der Stelle der Störung aus schrittweise von Punkt zu Punkt im Dielektrikum einstellen. Das geschieht keineswegs momentan, sondern mit der endlichen Geschwindigkeit von 300000 km/Sek.

Während die ruhenden Elektronen ausschliesslich ein elektrisches Feld des in Abbildung 11 a dargestellten radialen Charakters um sich haben, bilden sie, sobald sie bewegt werden, unter Aufnahme von Energie ein weiteres und zwar ein magnetisches Feld um sich aus. Wenn ein Elektron in der Pfeilrichtung von Abbildung 11 b mit einiger Geschwindigkeit fliegt, ist es kreisförmig umgeben von Kräften, die in der Lage sind, auf eine Magnetnadel richtend zu wirken, derart, dass diese sich tangential zu dem Kreise einstellt, den Nordpol in Richtung des Kreispfeiles. Die elektrischen Kraftlinien werden senkrecht zur Bewegungsrichtung zusammengedrängt.

So beschaffene Magnetfelder treten auch auf während des Momentes, in dem sich die Elektronen im Atom oder Molekül eines Isolators ordnen, wenn dieser dielektrisch polarisiert wird.

Jede Umlagerung von Elektrizitätsmengen hat also in der Umgebung ausser einer Änderung der elektrischen Feldverteilung das Entstehen magnetischer Felder zur Folge. Genauer muss man sagen, dass jede Bewegung oder Verschiebung einer Elektrizitätsmenge mit dem Auftreten eines magnetischen Feldes verknüpft ist. Umgekehrt bewirkt jede Änderung eines magnetischen Feldes eine elektrische Verschiebung.

Licht. Bei Erwärmung führen die Moleküle und Atome der Körper Schwingungen aus. Wenn diese Bewegungen bei hoher Temperatur lebhaft genug werden, führen die in den Atomen gebundenen Elektronen ihrerseits periodische Schwingungen um ihre Gleichgewichtslagen aus. Die bei diesen Bewegungen unter Energieabgabe periodisch ausgehenden elektromagnetischen Feldstörungen bilden das Wesen des Lichtes.

Da die Elektronen im Atom pro Sekunde zwischen $3,5 \times 10^{14}$ und 1×10^{15} mal oszillieren, ist die von jeder Oszillation herrührende Störung, da sie sich mit 300000 km/Sek. oder 3×10^{10} cm/Sek. ausgleicht, jedesmal erst 0,00086 resp. 0,0003 mm fortgeschritten, wenn sich derselbe Störungsvorgang wiederholt. Den Abstand zweier gleichen periodischen Störungszustände im Dielektrikum bezeichnet man als Wellenlänge λ. Wir empfinden die Farben des Spektrums, wenn der Zäpfchenapparat der Netzhaut unseres Auges von den Wellen dieses Bereiches zwischen $\lambda = 0,0008$ mm (rot) und $\lambda = 0,0004$ mm (violett) getroffen wird.

Elektrische Wellen. Es besteht auch die Möglichkeit, dass in elektrischen Leitern sich Elektrizitätsmengen periodisch oszillierend bewegen. Nicht so, dass wieder einzelne gebundene

Elektronen in den Atomen pendeln, sondern so, dass ganze
Ladungsmengen in ausgedehnten Metallteilen hin- und her-
schwingen. Periodische Bewegungen dieser Art erzeugen die
dem Licht analogen, nur längeren, elektrischen Wellen, welche
bei der drahtlosen Telegraphie verwendet werden.

In den folgenden Kapiteln werden die bei den gleichförmigen
und periodischen Bewegungen der Elektronen in- und ausserhalb
der Leiteranordnungen auftretenden Erscheinungen in der in
der Einleitung gegebenen Reihenfolge eingehender behandelt
werden.

II. Kapitel.

Gleichstrom.

Gleichstromkreis. Auf Grund der Anschauungen des
vorigen Kapitels wird es verhältnismässig einfach sein, die für
die Sende- und Empfangsanordnungen sowie für die Einführung
in die nächsten Kapitel wichtigen Erscheinungen und Gesetze
anzuführen, die innerhalb
und in der Umgebung von
Leitungen gelten, welche von
einem elektrischen Gleichstrom durchflossen sind. In Abbildung 12 ist mit seinen wichtigsten Bestimmungsstücken
ein Gleichstromkreis dargestellt. Es bedeutet hier E die
Stromquelle, deren Pole durch
die Leitung beim Schliessen
des Stromschlüssels T verbunden werden können. Mit W
ist der Widerstand der Lei-

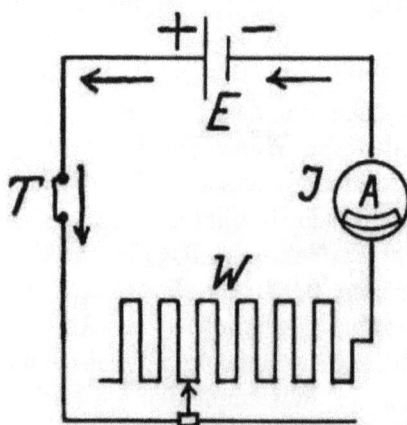

Abb. 12. Gleichstromkreis.

tung und mit J ein Messinstrument für die im Kreis fliessende
Stromstärke angedeutet.

Stromquellen. Jede Stromquelle kann man sich als
eine Art Elektronenpumpwerk vorstellen. Unter Umwandlung

anderer Energieformen sind in ihr elektromotorische
Kräfte tätig, welche Elektronen trennen und eine Elektronen-
strömung unterhalten, falls sich die getrennten Elektrizitätsmengen ausserhalb der Stromquelle durch eine Leitungsbahn wieder ausgleichen. Dort, wo in der Stromquelle
der Elektronenunterschuss hergestellt wird, liegt ihr positiver, dort, wo der Überschuss hergestellt wird, ihr negativer
Pol. Je nach der Natur der sich abspielenden Prozesse werden
durch die elektromotorischen Kräfte (abgekürzt EMK.) zwischen
den Polen bestimmte Poten-
tialdifferenzen aufrecht erhalten. Die Stärke der EMK.
wird also direkt durch die
Spannungsdifferenzen ausgedrückt. Dabei haben dann
Potentialdifferenz V und elektromotorische Kraft E dieselbe
Bedeutung, nur bezieht sich E
auf eine Strombahn.

Primärelemente. Stets
bereite Stromquellen sind galvanische Primärelemente. Zwei
verschiedene Materialien mit
verschiedenem „Elektronen-
druck" meist Zink und Kohle
stehen einander in einer Flüssigkeit gegenüber, deren Moleküle
als Leiter II. Klasse zum Teil
dissoziiert, das heisst in nega-

Abb. 13. Spannungsprüfung.

tive und positive Ionen gespalten sind. Bei Stromlieferung wird
das Zink aufgelöst und in eine Verbindung von geringerem
Energiegehalt übergeführt. Es entsteht elektrische Energie
auf Kosten chemischer Energie. Die Spannungsdifferenz
zwischen Kohlepol (+) und Zinkpol (—), bei den in der Praxis
meist benützten Trockenelementen, in denen der Elektrolyt
durch Sägemehl, Gallerte usf. eingedickt ist, beträgt pro Element
ca. 1,5 Volt. Die Spannung muss durch ein Voltmeter gelegent-

lich kontrolliert und das Element gegebenenfalls durch ein neues ersetzt werden (Abb. 13).

Um höhere Spannungsdifferenzen zu erhalten, muss man mehrere Elemente so zu einer Batterie vereinigen, wie Abb. 14a zeigt. In diesem Falle, bei Serien oder Hintereinanderschaltung, addieren sich die Einzelspannungen. Will man bei der ursprünglichen Spannung aber das Stromlieferungsvermögen erhöhen, so lässt man die Elektronenpumpwerke alle auf dasselbe Niveau wirken und wendet Parallel- oder Nebeneinanderschaltung an (Abb. 14b).

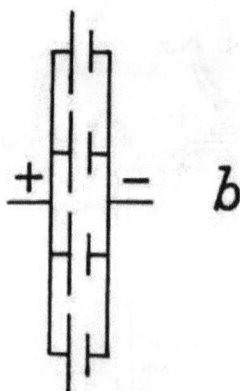

Sekundärelemente. An Stelle von Primärelementen lassen sich auch Sekundärelemente, Sammler oder Akkumulatoren verwenden, bei denen die in den Elektrolyten tauchenden Platten nicht von Haus aus verschieden sind, sondern erst dadurch, dass man elektrischen Strom durch die Zelle schickt, chemisch verschieden gemacht werden. Die gebräuchlichsten Akkumulatoren enthalten Bleiplatten in verdünnter Schwefelsäure. Bei Aufladung bildet sich an den positiven Platten schwarzbraunes Bleisuperoxyd. Eine geladene Zelle besitzt 2,0 Volt Spannung. Ist bei Gebrauch die Spannung auf 1,8 Volt gesunken, so muss die Zelle durch Stromdurchfluss einer fremden Elektrizitätsquelle wieder aufgeladen werden. Die Edison-Akkumulatoren in Metallgehäuse enthalten Nickelelektroden in Kalilauge. Die Spannung beträgt ca. 1,0 Volt.

Abb. 14.
Serien u. Parallelschaltung.

Thermoelemente. In den Mess- und Empfangssystemen der drahtlosen Telegraphie spielt eine Art der Gleichstromerzeugung eine besondere Rolle, die darauf beruht, dass an der Berührungsstelle zweier verschiedener Materialien eine Spannungsdifferenz auftritt, wenn diese Berührungsstelle erwärmt wird. In den genannten Fällen dient immer elektrische Energie in

Form von Wechsel- oder Hochfrequenzströmen dazu, die Berührungsstelle zwischen den beiden Materialien zu heizen und den Elektronen die zum Übertritt über die Grenze erforderlichen Geschwindigkeiten mitzuteilen. Die auftretenden Gleichspannungen oder bei Stromschluss Gleichstromstärken sind dann ein Mass für den in Wärme übergeführten Betrag von Wechselstrom oder Hochfrequenzenergie. Ein einfaches Thermoelement in der von Brandes angegebenen Form zeigt Abb. 15. Ein Konstantandraht und ein Eisendraht von je 0,02 mm Durchmesser sind zu einer Spinne verlötet und in ein eva-

kuiertes Glasgefäss eingeschlossen. Die Enden der Drahtspinne stehen über eingeschmolzene Platindrähte und Quecksilberrinnen mit den Klemmen 1 bis 4 in Verbindung. Legt man beispielsweise an Klemme 1 und 2 Hochfrequenz an, so werden die dünnen Drähte und damit die Lötstelle erhitzt und man kann an den Klemmen 3 und 4 Gleichstrom abnehmen. Einem Grad Temperaturerhöhung an der Kontaktstelle entspricht bei Konstanterhaltung der Temperatur längs der anderen Verbindungsstellen das Auftreten einer Spannungsdifferenz von etwas über 0,00005 Volt.

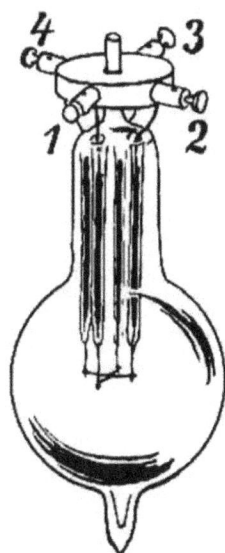

Abb. 15. Thermoelement nach Brandes.

Gleichstrom-Dynamomaschinen. Wenn grosse Gleichstromenergiemengen benötigt werden, so müssen diese aus der durch Dampfmaschinen, Benzinmotoren, Turbinen usf. gewonnenen mechanischen Energie mit Hilfe von Dynamomaschinen hergestellt werden. Zwischen den Leitungen eines von einer „Zentrale" gespeisten Netzes herrschen meist Spannungsdifferenzen von 110 oder 220 Volt.

Stromstärke. Verbindet man die Polklemmen der Stromquelle durch eine Leitung, so fliessen die Elektronen von der Überschussstelle, dem negativen Pol, den ganzen Querschnitt der Leitung erfüllend zu der Unterschussstelle, dem positiven Pol. Innerhalb der Stromquelle werden umgekehrt die Elektronen von dem positiven Pol wieder zum negativen hingedrückt. Es findet also ein völlig geschlossener Kreislauf der Elektronen statt. An ältere Vorstellungen anknüpfend ist es jedoch üblich zu sagen, der elektrische Strom fliesst im äusseren Schliessungskreis vom + Pol zum — Pol, also in Richtung der stark bezeichneten Pfeile von Abb. 12. Wir werden auch stets diese letztere Ausdrucksweise benutzen.

Die Zahl der pro Sekunde durch den Querschnitt tretenden Elektronen ergibt die Intensität des Stromes oder die Stromstärke. Die Einheit der Stromstärke ist das Ampère; es ist dann gegeben, wenn pro Sekunde $6,4 \times 10^{18}$ Elektronen — das ist nach Seite 13 1 Coulomb Elektrizitätsmenge — durch jeden Querschnitt der Leitung fliessen. Messinstrumente, mit denen man die Stärke eines Stromes messen kann, heissen Ampèremeter.

Ausgleichsgesetz. Die Beschaffenheit der Strombahn, sowohl die ausserhalb als innerhalb der Stromquelle, setzt dem Fliessen des Stromes einen gewissen Widerstand entgegen. Je kleiner der Gesamtwiderstand W ist, um so grösser wird die Stromstärke J, die infolge der elektromotorischen Kraft E in dem Kreise fliesst. Es gilt also:

$$J = \frac{E}{W} \quad \ldots \ldots \ldots \quad 4)$$

Diese Bezeichnung ist bekannt als das Ohmsche Gesetz oder das Ausgleichsgesetz. Ist die Einheit der elektromotorischen Kraft als Volt, die Stromeinheit als Ampère gegeben, so ist gleichzeitig die Widerstandseinheit festgelegt. Sie führt den Namen Ohm und man kann sagen, diejenige Strombahn besitzt einen Widerstand von 1 Ohm, in der eine EMK von 1 Volt 1 Ampère Stromstärke erzeugt. Aus Gleichung 4 erhält man demnach Gleichung 5

$$1 \text{ Ampère} = \frac{1 \text{ Volt}}{1 \text{ Ohm}} \quad \ldots \ldots \quad 5)$$

Stromverzweigung. Gabelt sich, wie in Abb. 16 skizziert ist, die Leitung in mehrere Zweigleitungen 1 und 2 so verhalten sich nach Kirchhoff die Stromstärken i_1 und i_2 in diesen Zweigleitungen umgekehrt wie die Widerstände w_1 und w_2. Es ist also:

$$\frac{i_1}{i_2} = \frac{W_2}{W_1} \quad \dots \quad 6)$$

Die Summe der Zweigströme ist gleich dem unverzweigten Gesammtstrom J

$$i_1 + i_2 = J \quad \dots \quad 7)$$

Widerstand. Sehr gut leitende Materialien sind Silber und Kupfer. Man verwendet namentlich das letztere überall da, wo man den Strömen einen bequemen Weg geben will. Verhältnismässig schlecht leitend sind die Legierungen Nikelin, Konstantan usf., die als „Widerstandsmaterialien" die entgegengesetzte Rolle spielen.

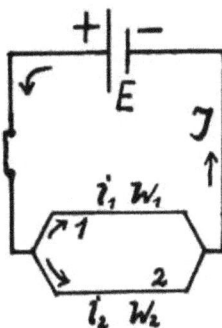

Abb. 16.
Stromverzweigung.

Berechnung von Widerständen. Der Widerstand eines Leiters W ist, abgesehen von seiner Materialkonstanten σ um so grösser, je grösser seine Länge und je kleiner sein Querschnitt gewählt wurde. Handelt es sich um Drähte und ist die Länge der Drähte l in Metern, ihr Querschnitt q in mm² gegeben, so berechnet sich der Widerstand als

$$W = \sigma \, \frac{l}{q} \text{ Ohm} \quad \dots \quad 8)$$

σ die spezifische Leitfähigkeit besitzt folgende Werte: Für Silber 0,016; Kupfer 0,017; Aluminium 0,032; Nickelin 0,42; Konstantan 0,49.

Den reziproken Wert des Widerstandes $\frac{1}{W}$ eines Leiters bezeichnet man als seine Leitfähigkeit.

Messung von Widerständen. Die Messung von Widerständen geschieht meist durch Vergleich mit einem bekannten Widerstand in der Wheatstoneschen Brücke. Abb. 17 zeigt die erforderliche Schaltung, die hier wiedergegeben wird, damit später bei den weniger geläufigen Methoden der Kapazitäts- und Selbstinduktionsvergleichung auf sie zurückgegriffen werden kann. An einem Messdraht AB liegt über dem Schalter T eine Stromquelle E. Der unbekannte Widerstand W_x und der bekannte Widerstand W sind in Serie in eine Zweigleitung zu AB gelegt. Man ermittelt nun durch Verschieben des Kontaktes C

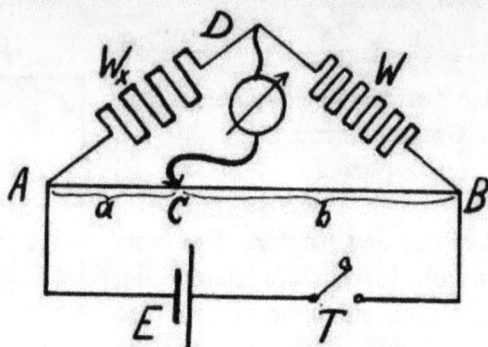

Abb. 17. Widerstandsmessung.

die Stelle auf AB, an der die Brückenleitung CD stromlos wird, ein in ihr liegender empfindlicher Strommesser also nicht anspricht. In diesem Falle gilt:

$$\frac{W_x}{W} = \frac{a}{b} \quad \text{oder} \quad W_x = W \frac{a}{b}, \quad \dots \quad 9)$$

wobei a und b die Längen des durch den Kontakt C unterteilten Messdrahtes bedeuten.

Schaltung von Widerständen. Es seien (Abb. 18a) w_1 und w_2 zwei Widerstände. Schaltet man die beiden (Abb. 18b) in Serie, so ist der resultierende Widerstand W gleich der Summe der beiden.

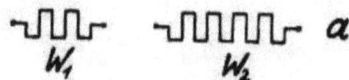

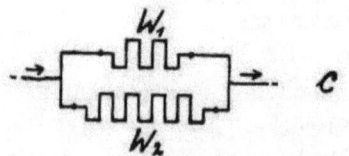

Abb. 18.
Schaltung von Widerständen.

(Serienschaltung) $W = w_1 + w_2$ 10)

Schaltet man sie parallel (Abb. 18c), so ist die Leitfähigkeit der Kombination gleich der Summe der Einzelleitfähigkeiten. Also:

(Parallelschaltung) $\frac{1}{W} = \frac{1}{w_1} + \frac{1}{w_2}$

oder $W = \frac{w_1 w_2}{w_1 + w_2}$ . . . 11)

Für den Fall w_1 einen kleinen, w_2 einen sehr grossen Widerstand repräsentiert, überwiegt bei Serienschaltung der Einfluss des g r o s s e n, bei Parallelschaltung der Einfluss des k l e i n e n Widerstandes. Sei beispielsweise $w_1 = 1$ Ohm, $w_2 = 100$ Ohm, so ist im ersten Falle $W = 101$ Ohm, im zweiten ca. 0,99 Ohm.

S p a n n u n g s t e i l e r. Der zwischen zwei Punkten A und B (Abb. 19a) einer geschlossenen Strombahn bestehende Spannungsunterschied V ist gleich dem Produkt aus dem Widerstand W des Leiterstückes zwischen den Punkten A und B und der Stärke des dies Leiterstück durchfliessenden Stromes J ($V = J W$). Von dieser Schaltung macht man in gewissen Empfangsanordnungen der drahtlosen Telegraphie Gebrauch (Schlömilchzelle), wenn es sich darum handelt, eine Spannungsdifferenz in feinen Stufen zu variieren. Man schliesst (Abb. 19b) die Batterie mittelst des Schalters T über einen Widerstand kurz. Dann herrscht zwischen den Endpunkten A und B ein Spannungsabfall von $E = J W$ Volt, wenn J die Stromstärke im Kreise bezeichnet. Durch einen verschiebbaren Gleitkontakt kann man zwischen

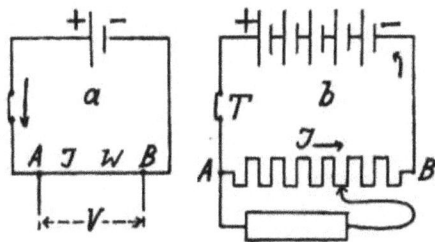

Abb. 19. Potentiometerschaltung.

diesem und dem Punkt A alle Spannungsdifferenzen von ganz links bis rechts zwischen 0 und E Volt abnehmen und dem Apparat zuführen. Eine derartige Schaltung nennt man auch P o t e n t i o - m e t e r s c h a l t u n g.

S p a t i o m e t e r und L a u t s t ä r k e m e s s u n g. Eine äusserlich sehr ähnliche, aber doch wesensverschiedene Schaltung benutzt man ferner in den Empfangsschaltungen, wenn es gilt, die Stärke eines abgehörten Signals in einem Telephonhörer zu messen (L a u t s t ä r k e - m e s s u n g) oder bei beweglichen Stationen aus der Lautstärkemessung einen Rückschluss auf die Entfernung der Gegenstation zu machen (S p a t i o m e t e r m e s s u n g). Parallel zu dem meist 1000 ohmigen Telephonhörer H

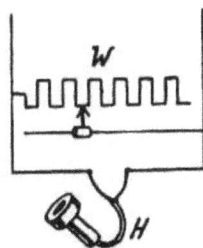

Abb. 20.
Spatiometerschaltung.

(Abb. 20) wird ein variabler Nebenschlusswiderstand W gelegt. Bei Signalempfang verkleinert man W so lange, bis fast aller Strom durch W geht und der Ton im Telephonhörer gerade für das Ohr verschwindet. Je niederere Werte für W sich ergeben, um so kräftiger ist der Empfang ohne Nebenschlusswiderstand. Den ermittelten Betrag von W gibt man als „Parallelohm" an. Es entsprechen bis 10 Parallelohm sehr kräftigem, bis 30 Parallelohm deutlichem, bis 100 Parallelohm hinreichendem, bis 500 Parallelohm leisem Empfang.

Leistung. Es wurde bereits auf Seite 14 erwähnt, dass die Einheit der Arbeit, 1 Joule, erforderlich ist, um 1 Coulomb Elektrizitätsmenge entgegen der Potentialdifferenz von 1 Volt zu bewegen. (1 Volt $\times$ 1 Coulomb = 1 Joule.) Nun herrscht an den Enden eines von 1 Ampère — das ist ein Coulomb pro Sekunde — durchflossenen Leiters gerade eine Spannungsdifferenz von 1 Volt. Um diese Stromstärke zu erzeugen, ist also pro Sekunde 1 Joule Arbeit erforderlich. Arbeit pro Zeiteinheit nennt man aber

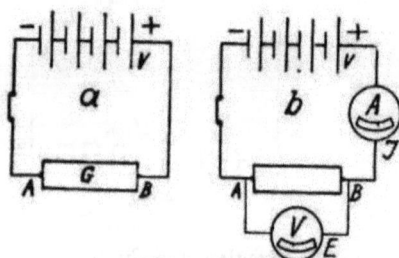

Abb. 21. Leistungsmessung.

Leistung. Ein Joule pro Sekunde ist die Einheit der Leistung, sie heisst 1 Watt (1 Watt = $^1/_{736}$ PS). Die im Stromkreis verbrauchte elektrische Energie wird stets aus einem Äquivalentverbrauch mechanischer, chemischer oder Wärmeenergie in der Stromquelle gewonnen.

In Abbildung 21 a sei V eine Stromquelle und G irgend ein elektrischer Apparat, der in den Stromkreis eingeschaltet ist. Es handele sich darum zu erfahren, wieviel elektrische Energie dieser Apparat verzehrt. Nach dem Gesagten braucht man nur die Spannungsdifferenz zwischen den Polklemmen A und B des Apparates in Volt zu kennen und die Stromstärke, die den Apparat durchfliesst, in Ampère und es ergibt sich die Leistung in Watt direkt als das Produkt von Volt und Ampère. Denn $\qquad$ 1 Volt $\times$ 1 Ampère = 1 Watt . . . . . 12)

Um die Messung auszuführen, ermittelt man nach Abb. 14b die Spannungsdifferenz E zwischen AB durch ein „parallel" zu dem Apparat geschaltetes Voltmeter und die Stromstärke J durch ein in den Stromkreis „in Serie" gelegtes Ampèremeter. Bedeutet G beispielsweise eine Glühlampe und findet man E = 220 Volt, J = 0,445 Ampère, so verbraucht die Lampe 220 × 0,455 = 100 Watt. Kostet die 1000 Wattstunde oder was dasselbe ist, die Kilowattstunde 0,50 Mark, so erfordert das einstündige Brennen der Lampe einen Aufwand von 0,05 Mark. Zu ihrer Speisung sind $^{100}/_{736}$ oder rund $^1/_7$ PS erforderlich.

Stromwärme. Die Erwärmung des Glühlampenfadens im letzten Beispiel tritt ein auf Kosten der in der Lampe verzehrten elektrischen Energie. Jeder Leiter, der Widerstand besitzt, erwärmt sich beim Durchgang der Elektronen. Die Wärmewirkung ist proportional der in dem Leiterteil geleisteten Arbeit JE. Da andererseits E = JW und somit JE = J²W, folgt, dass die Erwärmung des Leiters, die Joulesche Wärme, proportional ist dem Widerstand des Leiters und quadratisch wächst mit der ihn durchfliessenden Stromstärke. Diese Tatsache ist wesentlich für wichtige Instrumente bei Wechselstrom und Hochfrequenzstrommessungen.

Magnetisches Feld um die Strombahn. In den bisherigen Absätzen dieses Kapitels war ausschliesslich von den Stromkreisen und den Vorgängen innerhalb der Strombahn die Rede. Da die bewegten Elektronen aber kreisförmig um sich (Seite 16) ein Magnetfeld erzeugen, so muss auch der einen stromdurchflossenen Leiter umgebende Raum Sitz eines magnetischen Feldes sein.

Eine klare Vorstellung von dem Verlauf dieses Feldes schon bei den Gleichstromerscheinungen zu gewinnen, ist für den Radiotelegraphisten sehr wertvoll. Man erhält hier gewissermassen Momentaufnahmen der Fälle, in denen die Leiter von Wechsel- oder Hochfrequenzströmen durchflossen werden.

Gesetz von Biot-Savart. In Abbildung 22 ist ein gerader Draht D gezeichnet, der von oben nach unten von

Elektrizität durchströmt wird. Der Leiter ist dann kreisförmig
umhüllt von den magnetischen Kraftlinien. Die Bedeutung dieser Linien ist ja die, dass sich eine Magnetnadel M stets
in ihre Richtung einzustellen sucht. Der in die Kraftlinien ein-
gezeichnete Pfeil gibt an, wohin der Nordpol der Magnetnadel
zeigt.

Gerade so wie man ein elektrisches Kraftfeld durch pul-
verisierte Gypskristalle zeigen kann, lässt sich der Verlauf des
magnetischen Feldes durch Eisenfeillichtpulver anschaulich

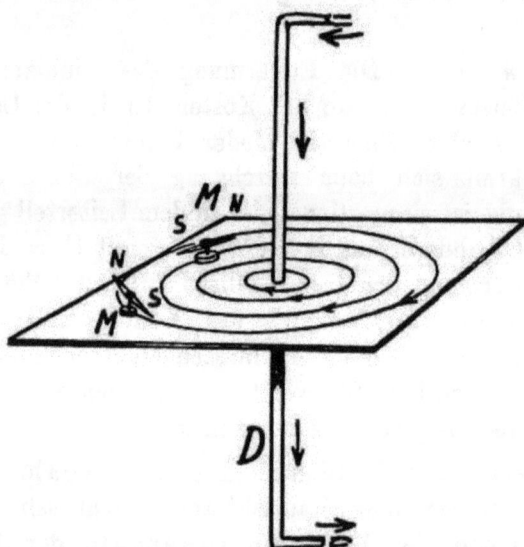

Abb. 22. Kraftlinienverlauf um einen stromdurchflossenen Leiter.

machen. Abbildung 23a gibt den Charakter des Eisenfeilicht-
bildes wieder, das man erhält, wenn man auf ein über einen
Magnetstab gelegtes Kartonblatt Eisenfeilspäne streut. Bei
leisem Klopfen ordnen sich die zunächst regellos zerstreuten
Späne in Richtung der Kraftlinien an. Die Kraftlinien treten
aus dem Nordpol des Magnetstabes aus, biegen dann nach aussen
um und münden in den Südpol ein. Jede „Quelle" von magnetischen Kraftlinien kann man als einen magnetischen Nordpol,
jede Sinkstelle als einen magnetischen Südpol auffassen.

Abbildung 23 b gibt das Kraftlinienfeld, das entsteht, wenn man die in Abbildung 22 angenommene Platte mit Eisenfeilicht

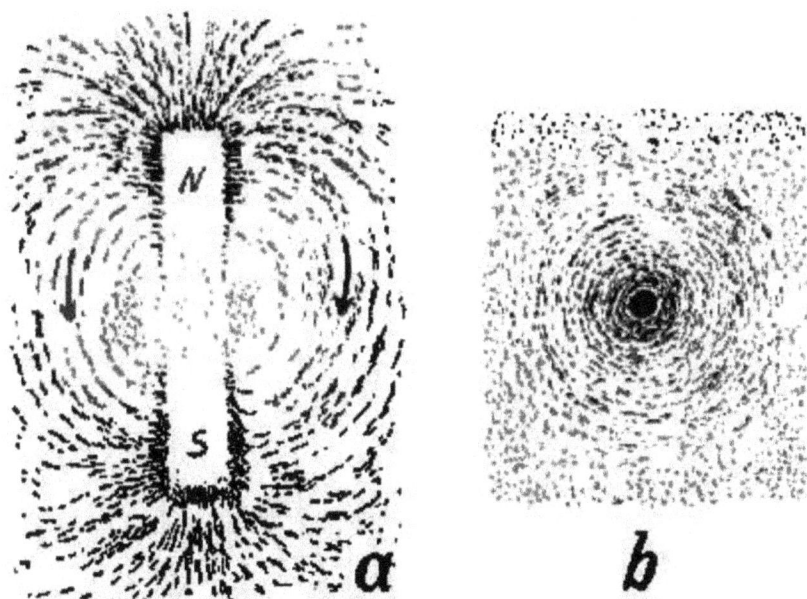

Abb. 23. Eisenfeilichtbild der Magnetfelder eines Stabmagneten (a) und stromdurchflossenen Leiters (b).

bestreut und einen kräftigen Strom durch den Draht schickt. Es erscheinen geschlossene Ringe um den Draht als Axe.

Die Richtung der magnetischen Kraftlinien in bezug auf die Stromrichtung kann man sich nach der „Korkzieherregel" leicht merken. Der vorwärtsschreitenden Richtung des Bohrers entspricht die Stromrichtung, der Drehrichtung aber der Umlaufsinn der magnetischen Kraftlinien (Abb. 24).

Die Stärke des magnetischen Feldes $\mathfrak{H}$, seine Richtkraft, ist in unmittelbarer Nähe des Drahtes grösser als in weiterem Abstand. Biot und Savart haben den Betrag der Änderung zahlenmässig untersucht und gefunden, dass

Abb. 24. Korkzieherregel.

die Stärke des Magnetfeldes proportional ist der Intensität des Stromes in dem Leiter und umgekehrt proportional dem Abstand R von der Strombahn, für den Fall diese sehr lang angenommen ist. Und zwar ist:

$$\mathfrak{H} = 0{,}2 \, \frac{J}{R} \quad \ldots \ldots \ldots \quad 13)$$

Genau wie bei den elektrischen Feldern deutet man die Stärke eines Magnetfeldes an durch die Dichte der gezeichneten Kraftlinien. Es besteht dabei der Brauch, 1 Kraftlinie pro cm² dort anzunehmen, wo die Einheit der magnetischen Feldstärke herrscht. Man nennt diese Einheit 1 Gauss.

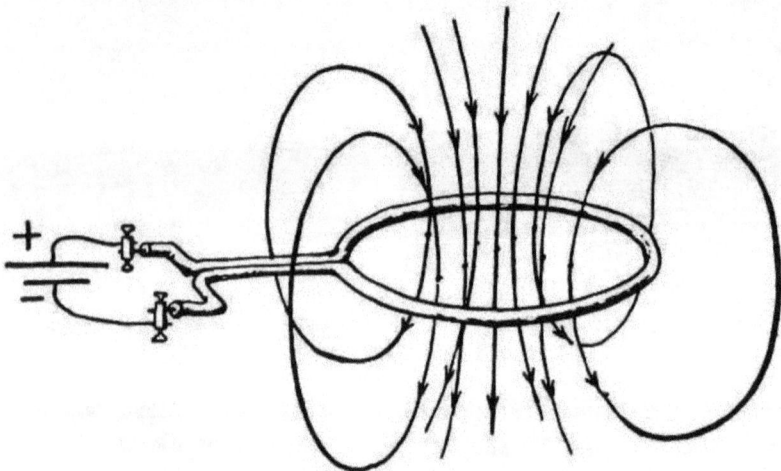

Abb. 25. Kraftlinienverlauf durch eine Leiterschleife.

Nach Formel 13 würde in einem Abstand von 1 cm die Feldstärke 1 Gauss herrschen und eine Kraftline pro cm² anzunehmen sein, wenn der Leiter von 5 Ampère durchflossen wird.

(Leiterschleife.) Biegt man den Leiter zu einer Schleife, die auch aus mehreren Windungen bestehen kann, so gibt Abbildung 25 den Verlauf der magnetischen Kraftlinien wieder. Ringförmig, sich nach aussen des Querdruckes wegen weitend, umschliessen die Kraftlinien den Leiter. Sie treten sämtlich gleichgerichtet auf einer Seite in die Leiterschleife ein und verlassen sie in derselben Art auf der anderen Seite.

(Solenoid.) Spult man zahlreiche Windungen nach Abbildung 26 auf, so erhält man eine Leiteranordnung, die man ein „Solenoid" nennt. Die magnetische Feldstärke im Innern

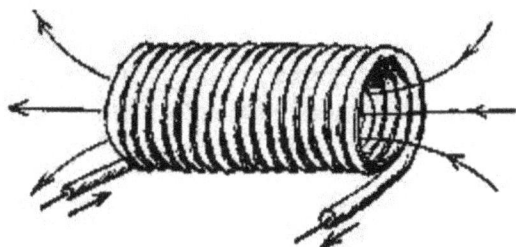

Abb. 26. Kraftlinienverlauf in einem Solenoid.

eines derartigen Solenoides lässt sich berechnen nach der Formel:

$$\mathfrak{H} = \frac{4\pi \, n \, J}{10 \, l} \text{ Gauss}, \quad \ldots \ldots 14)$$

wo n die Anzahl der Windungen, l die Länge der Spule in cm, und J die Stromstärke in Ampère bedeutet.

(Toroid.) Die folgende Abbildung 27 zeigt eine in sich zurücklaufende Spule, ein sogenanntes „Toroid". Das Toroid hat die bemerkenswerte Eigenschaft, dass die magnetischen

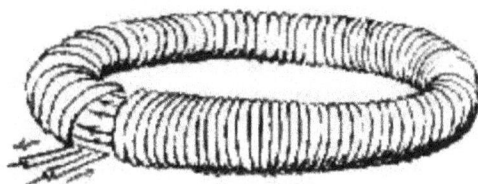

Abb. 27. Kraftlinienverlauf in einem Toroid.

Kraftlinien im wesentlichen sämtlich innerhalb der Spule verlaufen, dass also mit anderen Worten keine „magnetische Streuung" vorhanden ist.

Permeabilität. Die Ähnlichkeit des Kraftlinienbildes von Abbildung 23 a mit dem von Abbildung 26 ist augenscheinlich. Jede Stromspule wirkt als Magnet. Man kann die magnetische Wirkung einer derartigen Spule stark erhöhen, wenn man ihr Inneres mit Eisen ausfüllt.

Im Kapitel I war davon die Rede, dass die **elektrische**
Polarisierbarkeit verschiedener Substanzen verschieden gross
ist, dass die elektrischen Felder verschieden stark ausfallen, je
nach der Dielektrizitätskonstanten des betreffenden Mediums.
In gewissem Sinne ähnlich ist auch die magnetische Polarisierbarkeit der Materie verschieden. Es gibt Substanzen, in denen
sie kleiner ist als Luft (diamagnetische Körper) und solche, in
denen sie grösser ist als Luft (paramagnetische Körper). Die

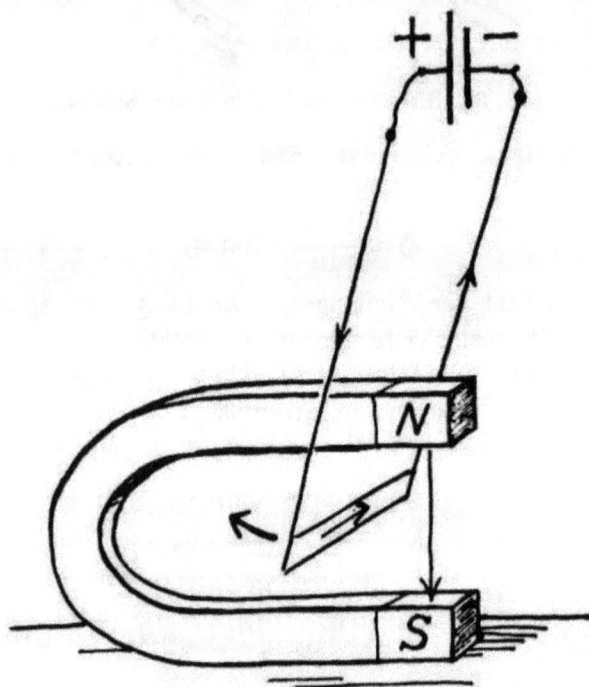

Abb. 28. Motorprinzip.

Konstante, die den Grad der magnetischen Polarisierbarkeit
angibt, bezeichnet man als die Permeabilität μ. μ hat für Luft
den Wert 1, für weiches Eisen bei den praktisch vorkommen-
den Magnetisierungen den Wert von etwa 1000 bis 3000.

Füllt man also das Innere einer Stromspule mit Eisen, so
treten an den „Polen" der Spule μ mal mehr Kraftlinien aus
als vorher. Denn die Kraftlinienzahl im Eisen $\mathfrak{B}$, die sogenannte

magnetische Induktion, wird gegen die ursprüngliche Kraftlinienzahl in Luft $\mathfrak{H}$ um das μfache vergrössert ($\mathfrak{B} = \mu\,\mathfrak{H}$). Eine
derartig eisengefüllte Spule, die bei Stromschluss zu einem
kräftigen Magneten wird, bezeichnet man bekanntlich als einen
Elektromagneten.

Linke Handregel. Zwischen stromdurchflossenen Leitern
unter sich treten die gleichen Bewegungsantriebe auf, wie
zwischen zwei Stahlmagneten. „Gleichnamige Pole ziehen sich
an, ungleichnamige Pole stossen sich ab."

Man kann die Art der jeweils eintretenden Bewegung sehr
gut an der Überlagerung der Kraftlinien unter Berücksichtigung
ihrer Eigenschaften des Längszuges und Querdruckes einsehen.

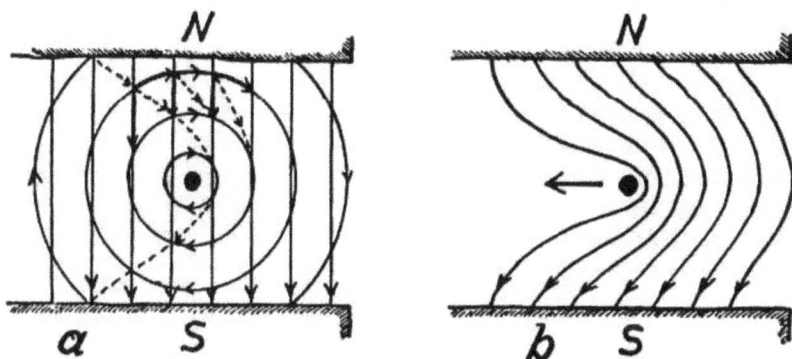

Abb. 29. Superposition der Magnetfelder.

Wegen der prinzipiellen Bedeutung sei in Abbildung 28 der
Fall angenommen, dass ein stromdurchflossener Leiter beweglich
zwischen den Polen eines Hufeisenmagnetes aufgehängt ist.
Der Strom fliesse in dem fraglichen Leiterstück von vorn nach
hinten, der Nordpol liege oben. In Abbildung 29 a ist der Verlauf der magnetischen Kraftlinien mit ihrem Richtungssinn eingezeichnet. Das nahezu homogene von oben nach unten gerichtete Feld des Magneten und die kreisförmigen im Uhrzeigersinn verlaufenden Kraftlinien um die Strombahn schneiden sich.
An jedem Schnittpunkt kann man aus diesen Kraftlinienkomponenten die Resultierende konstruieren. Man erkennt, dass
bei dieser Stromrichtung der bewegliche Leiterteil zwischen die
Schenkel des festliegenden Magneten bewegt werden muss.

Ganz allgemein erfährt jeder von einem **Strom durch-flossene Leiter** in einem **Magnetfeld** einen **Bewegungs-antrieb** senkrecht zu den magnetischen Kraftlinien. Die gegenseitige Orientierung der drei in Frage kommenden gerichteten Grössen merkt man sich bequem an der **linken Handregel**. Bei der in Abbildung 30 gezeichneten Fingerstellung hat man nur dem Zeigefinger die Richtung der

Abb. 30. Linke Handregel.

magnetischen Kraft, dem Mittelfinger die Stromrichtung, dem Daumen die Richtung der eintretenden Bewegung zuzuordnen, um stets die gegenseitige Lage der drei Richtungsgrössen vor Augen zu haben. Da die in der linken Handregel ausgedrückte Gesetzmässigkeit die Grundlage für den Bau der Elektromotoren enthält, bei denen sich die stromdurchflossenen Ankerwicklungen zwischen den Feldmagneten drehen, bezeichnet man sie auch als „Motorregel".

Saitengalvanometer. Eine einfache bemerkenswerte Anwendung von dem Bewegungsantrieb zwischen stromdurchflossenem Leiter und Magneten macht man in dem sogenannten Saitengalvanometer (Abb. 31). Hier ist ein leitender vergoldeter Quarzfaden von etwa 100 Ohm Widerstand zwischen den Polen eines Hufeisenmagneten oder Elektromagneten ausgespannt. Durch diese Saite kann man den schwachen Strom eines

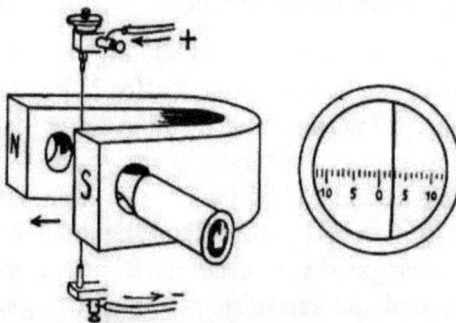

Abb. 31. Saitengalvanometer.

drahtlostelegraphischen Empfängers senden. Die Bewegung der sich elastisch ausbiegenden Saite bei Stromdurchgang wird mit einem Mikroskop beobachtet, oder im durchfallenden Licht auf einen vorbeigeführten Filmstreifen photographiert (Lichtschreiber). Es genügt bereits ein Strom von 10^{-8} Ampère, der Saite eine deutliche Bewegung zu geben.

III. Kapitel.

Wechselstrom.

Induktion. Im vorigen Kapitel hat es sich überall um eine Art Gleichgewichtszustände gehandelt. Es ist erörtert worden, was geschieht, wenn ein Gleichstrom in einer Leitung fliesst; wie das magnetische Feld aussieht, das um den stromdurchflossenen Leiter vorhanden ist; unter welchen Kräften ein stromdurchflossener Leiter in einem Magnetfeld steht usf. Der Augenblick dagegen, in dem ein Strom geschlossen oder unterbrochen wird; in dem ein Magnetfeld entsteht oder verschwindet; in dem eine Bewegung zwischen Leitern und Magnetfeld wirklich ausgeführt wird, ist stets unberücksichtigt geblieben. Mit der Besprechung von Erscheinungen dieser Art, in denen stets mindestens eine Grösse einfach oder periodisch veränderlich ist, wird sich dieses Kapitel beschäftigen.

Der Inhalt des jetzt folgenden Abschnittes über die Induktion behandelt nun im wesentlichen die Tatsache, dass an den Enden eines Leiters eine Potentialdifferenz auftritt, solange er von magnetischen Kraftlinien geschnitten wird oder, was dasselbe ist, dass in einer Leiterschleife ein elektrischer Strom fliesst, so lange sich die Stärke des Magnetfeldes ändert, das die Leiterschleife durchsetzt.

Die Erscheinungen sind also in gewissem Sinne eine Vertauschung von Ursache und Folge gegenüber dem früher besprochenen. Der Strom hatte das Magnetfeld zur Folge, jetzt hat das sich ändernde Magnetfeld den Strom zur Folge; aber nochmals sei es betont: das Magnetfeld muss sich irgendwie gegen den Leiter ändern, damit in diesem der Induktionstrom auftritt. Ein unveränderliches Magnetfeld hat auf einen ruhenden

Leiter keinerlei elektrisierenden Einfluss. Völlig gleichgültig ist es dagegen, wodurch sich das betreffende Magnetfeld in bezug auf den Leiter ändert.

Rechte Handregel. Eine Anordnung, an der die quantitativen Verhältnisse sehr deutlich in Erscheinung treten, besteht in einer Umkehrung des in Abbildung 28 skizzierten Aufbaues. Wie dort ist (Abb. 32) ein grosser Hufeisenmagnet aufgestellt, zwischen dessen Schenkeln der bewegliche Leiter hängt. An

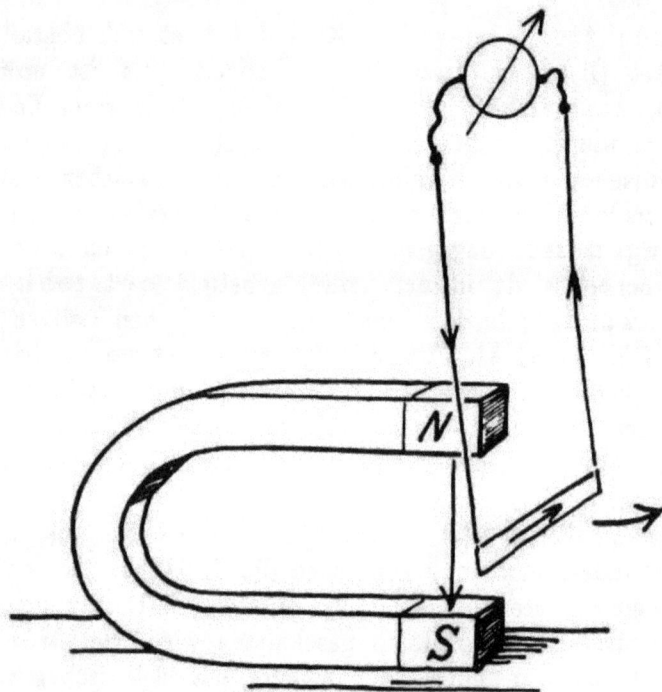

Abb. 32. Generatorprinzip.

Stelle einer Stromquelle befindet sich in der Strombahn ein sehr empfindlicher Strommesser. Bewegt man jetzt das bewegliche Stück der Leitungsbahn rasch zwischen den Schenkeln des Magneten hindurch, schneidet man mit ihm Kraftlinien, so schlägt während der Dauer der Bewegung der Strommesser aus. Um die Zuordnung zwischen Bewegungsrichtung, Kraftlinienrichtung und Stromrichtung stets gegenwärtig zu behalten, ist

die „rechte Handregel" bequem (Abb. 33). Bei einer Bewegung
des Leiterteiles nach aussen also nach rechts (Daumen) würde
ein Strom von vorn nach hinten entstehen (Mittelfinger), da die
magnetischen Kraftlinien (Zeigefinger) von oben nach unten verlaufen. Da auf dem Prinzip der
rechten Handregel alle Maschinen
beruhen, die aus mechanischer
Energie elektrische Energie erzeugen, nennt man sie auch
„Generatorregel".

Ist die betreffende bewegte
Leiterschleife ungeschlossen, so
wird an den Enden eine Spannungsdifferenz auftreten. Diese

Abb. 33.   Rechte Handregel.

Spannungsdifferenz beträgt gerade ein Volt, wenn
der Leiter 100 Millionen oder 10^8 Kraftlinien pro
Sekunde schneidet.

Ist die Leiterschleife geschlossen, so wird die induzierte
elektromotorische Kraft und damit bei gegebenem Ohm schen
Widerstand die Stromstärke proportional sein der sekundlichen
Änderung der von ihr umfassten Kraftlinienzahl. Bewegt sich

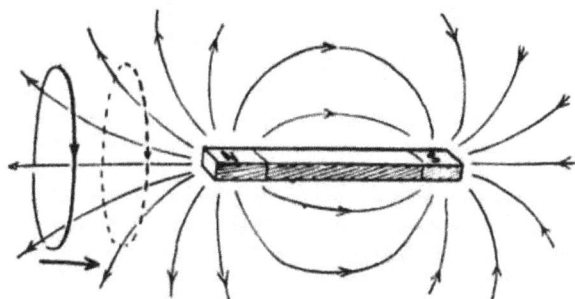

Abb. 34.   Induktionsvresuch.

beispielsweise die Leiterschleife in Abbildung 34 in der Pfeilrichtung auf den Magneten zu, so wird, während Kraftlinien
geschnitten werden, die Zahl der umfassten Kraftlinien grösser.
Einer Zunahme von Kraftlinien in der Leiterschleife entspricht,
wenn man gegen die Kraftlinien blickt, ein Strom im Uhrzeiger-

sinn, einer Abnahme ein Strom im Gegenzeigersinn. Der Betrag der induzierten elektromotorischen Kraft ist auch hier wieder 1 Volt, wenn sich die umfasste Kraftlinienzahl um 10^8 pro Sekunde ändert.

Lenzsches Gesetz. Der beim Schneiden von Kraftlinien in einer Leiterschleife von gegebenem Ohmschen Widerstande fliessende Induktionsstrom repräsentiert naturgemäss einen bestimmten Betrag elektrischer Energie. Diese elektrische Energie kann nur gewonnen werden aus der mechanischen Energie, die verbraucht wird, wenn eine Leiterschleife relativ zu einem Magnetfeld bewegt wird. Diese Bewegung muss also offenbar eine Gegenkraft überwinden.

So ist es in der Tat. Dadurch, dass ein Induktionsstrom in einem Leiter fliesst, sucht er sich nach der linken Handregel senkrecht zum Magnetfeld zu bewegen. Dieser Bewegungsantrieb wirkt aber gerade entgegengesetzt der Richtung, in der man nach der rechten Handregel den Leiter durch das Magnetfeld bewegen muss, um den Induktionsstrom in der alten Richtung weiter zu unterhalten. Der durch Induktion erzeugte Strom fliesst stets so, dass er die Bewegung, durch welche er erzeugt wird, zu verhindern sucht. Die Erzeugung von Induktionsströmen erfordert stets einen äquivalenten Aufwand an Energie.

Wechselstromdynamomaschine. Durch periodische Änderung der Kraftlinienzahl in einer Leiterspule kann man Wechselströme erzeugen. Die diesem Zwecke dienenden Wechselstrommaschinen enthalten Feldmagnete und Ankerwindungen. Die Ankerwindungen müssen relativ zum Magnetfeld so bewegt sein, dass eine periodische Änderung der Kraftlinienzahl in ihnen auftritt. Es ist also gleichgültig, ob das Feld ruht und der Anker bewegt wird oder der Anker ruht und das Feld bewegt wird.

Abbildung 35 zeigt das Schema einer Maschine der ersten Art. Die von einer Gleichstromquelle gespeisten Feldmagnete stehen fest. In dem Magnetfeld rotieren, auf einem hier nur angedeuteten Weicheisenanker sitzend, die Ankerspulen.

Ihre Enden stehen über zwei Kontaktringe und Schleifbürsten mit dem weiteren Stromkreis in Verbindung. Je nachdem die von der Spule geschnittene Kraftlinienzahl bei der Rotation wechselnd im einen oder anderen Sinn zunimmt, entsteht im Stromkreis ein Induktionsstrom verschiedener Rich-tung. Je rascher bei gegebenem Feld der Anker rotiert, desto stärker werden die Ströme und desto öfter ändert sich — bei jeder Umdre-hung zweimal — die Stromrichtung.

In Abbildung 36 ist das Schema einer Maschine nach der zweiten Art gegeben. Hier rotieren die Feldmagnete, denen mit Schleif-ringen und Bürsten der „Erreger-strom" zugeführt wird. Die Anker-windungen, denen abwechselnd ein Nord- oder Südpol gegenübergestellt

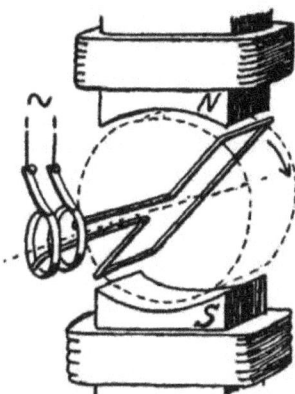

Abb. 35. Rotierende Induktions-wickelung in ruhendem Feld.

wird, sind fest auf einem äusseren Eisenkranz montiert.

In der Praxis der drahtlosen Telegraphie benutzt man gern Maschinen, die sich für eine relativ hohe Anzahl sekundlicher Stromumkehrungen eignen und bei denen keine Schleifringe und

Abb. 36. Rotierendes Feld, feste Induktionswickelung.

Bürsten, also auch keine bewegten Spulen erforderlich sind. Diese nach der sogenannten „Induktortype" gebauten Maschinen ent-halten eine einzige feststehende Erregerspule. Innerhalb der Spule rotiert das hier „Induktor" genannte Magnetsystem, wo-bei die Polhörner einer Seite alle nordmagnetisch, die der anderen

Seite alle südmagnetisch werden. Die innen am Gehäuse angebrachten Ankerwicklungen sind so angeordnet und geschaltet, dass durch das Vorbeirotieren der sich in grösserem Abstand folgenden Polhörner in ihnen Wechselströme induziert werden.

Die Erregung der Feldmagnete geschieht im allgemeinen durch eine kleine Gleichstrommaschine, die auf derselben Achse wie die Wechselstrommaschine sitzt (Abb. 37). Die Gleichstrommaschine ist nach denselben Prinzipien gebaut, wie die Wechselstrommaschine, nur dass hier der auf der Achse umlaufende „Kollektor" automatisch die Ankerwindungen immer so an die äussere Leiterbahn anschliesst, dass in dieser die Induktionsströme alle in der gleichen Richtung fliessen. Die Stärke der

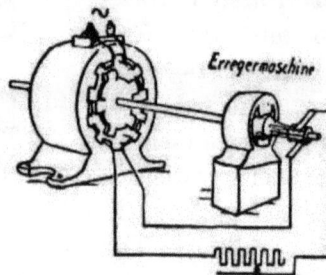

Abb. 37. Schema einer Wechselstromdynamo mit Erregermaschine.

Erregung der Wechelstrommaschine kann durch einen variabelen Widerstand geregelt werden.

Transformator. In einem Leiterkreis wird ein Induktionsstrom erzeugt, wenn sich die Zahl der ihn durchsetzenden Kraftlinien ändert. Um in der Spule S (Abb. 38) von aussen her ein Magnetfeld entstehen oder verschwinden zu lassen, hat man nicht nötig, wie bisher immer angenommen wurde, vor der Spule unter Aufwendung mechanischer Energie einen Magneten zu bewegen. Man kann vielmehr vor ihr eine andere, von einer besonderen Stromquelle gespeiste Spule P aufstellen und durch Veränderung der Stromstärke in P ein veränderliches Magnetfeld und damit in S einen Induktionsstrom erzeugen. Um eine grössere Kraftliniendichte und damit stärkere Wirkung zu erzielen, wird man die Spulen über einen Eisenkern K wickeln.

P heisst die Primärspule, S die Sekundärspule und die· ganze Anordnung ein Induktorium oder ein Transformator, je nachdem die Primärspule mit wechselnd geschlossenem und geöffnetem Gleichstrom oder direkt mit Wechselstrom beschickt wird.

Wenn sich in einer Leiterschleife die Zahl der umschlossenen Kraftlinien um 10^8 pro Sekunde ändert, so wird in ihr eine elektromotorische Kraft von 1 Volt induziert. Setzt man eine zweite oder mehrere weitere Schleifen gleichzeitig der Änderung dieser Kraftlinienzahl aus, so wird in allen eine elektromotorische Kraft von 1 Volt induziert. Wenn man nun alle diese

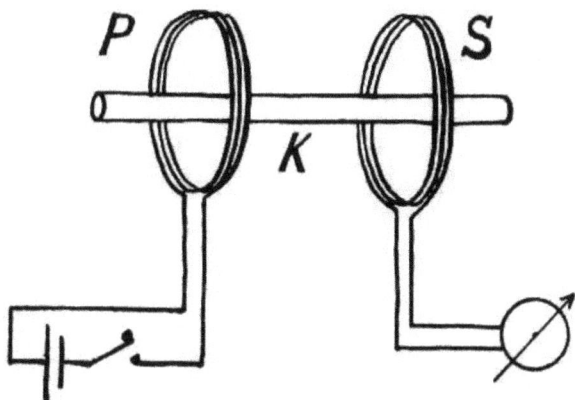

Abb. 88. Induktionsversuch.

Leiterschleifen, etwa als fortlaufende Spule gewickelt, in Serie schaltet, so erhält man eine Addition dieser Spannungswerte. Von diesem Umstand macht man in den Induktorien und Transformatoren Gebrauch. Sie alle dienen dazu, einen niedrig gespannten Strom grosser Stromstärke in einen hochgespannten Strom geringer Stromstärke zu verwandeln oder umgekehrt. Das Umwandlungs- oder Transformationsverhältnis ist dabei direkt proportional dem Verhältnis der beiden Windungszahlen, oder als Gleichung geschrieben:

$$\text{Das Transformationsverhältnis} = \frac{\text{Zahl der primären Windungen}}{\text{Zahl der sekundären Windungen}}$$

Genau so wie die strömdurchflossenen Ankerwindungen einer Wechselstrommaschine der Drehung des Ankers eine Gegenkraft entgegensetzen, wirkt auch hier der in der Sekundärwickelung induzierte Strom auf die Primärspule zurück. Die Richtung des sekundären Stromes ist stets so beschaffen, dass er seinerseits in der Primärspule elektromotorische Kräfte induziert, die denen entgegengesetzt sind, welche ihn erzeugen.

Von Gleichstrom betriebene Induktorien trifft man in den neueren Sendeanordnungen der drahtlosen Telegraphie selten. Der einfachste, nur für geringe Energieumsetzungen geeignete Unterbrecher ist der Wagnersche Hammerunterbrecher (Abb. 39a). Für die Unterbrechung grösserer Stromstärken als sie die Platinkontakte vertragen, benutzt man Quecksilberturbinen

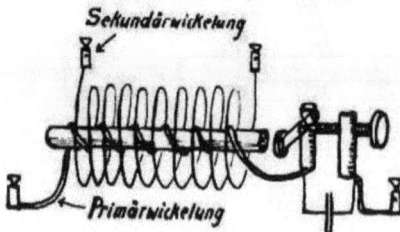

Abb. 39 a. Induktorium.   Abb. 39 b. Quecksilberturbine.

(Abb. 39b), deren Prinzip darin besteht, dass durch eine Turbine gehobenes Quecksilber aus einer rotierenden Düse gegen die Kontakte eines Zahnkranzes geschleudert wird. Jedesmal wenn der Quecksilberstrahl einen Kontaktzahn trifft, wird der Primärstrom geschlossen. Um die Unterbrechung rasanter zu machen, wird meist parallel zur Kontaktstelle ein Kondensator gelegt.

Bei den Transformatoren ist man bestrebt, den magnetischen Kraftlinien einen möglichst geschlossenen Weg im Eisen zu geben. Je nachdem hierbei das Eisen die primäre und sekundäre Spule nur innen durchsetzt oder das Innere und Äussere umkleidet, unterscheidet man Kern- und Manteltransformatoren (Abb. 40).

Periodische Funktionen. Wenn man eine Leiterschleife um eine zu den Kraftlinien senkrechte Achse rotieren lässt (Abb. 41 a), so ändert sich periodisch die Zahl N der Kraftlinien, welche sie durchsetzen. In der Lage I ist N = 0

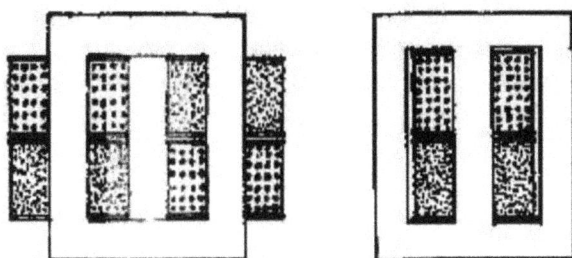

Abb. 40. Kern- und Manteltransformator.

es geht keine Kraftlinie durch sie hindurch. Je mehr sich die Schleife im Sinne des Pfeiles dreht und Winkel α grösser wird, um so mehr Kraftlinien werden umfasst, bis in der Lage II

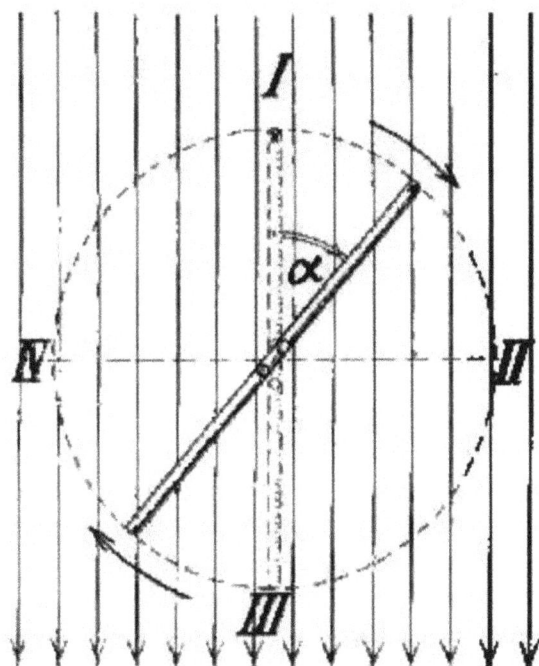

Abb. 41. Rotierende Leiterschleife.

das Maximum erreicht ist. Von hier aus nimmt die Zahl ab, geht bei der um 180° gegen I versetzten Lage III durch 0; und

nun durchsetzen die Kraftlinien, wenn man die ursprüngliche
Windungsebene der Schleife hinsichtlich „oben" und „unten"
behält, die Schleife in umgekehrter Richtung mit einem Maximum
bei III. Nach einer Umdrehung um 360° werden sich alle diese
Vorgänge, wie bei jeder weiteren Umdrehung, wiederholen. Man
kann diese Tatsache so ausdrücken: Die von der Leiterschleife
umfasste Zahl von Kraftlinien ist eine Funktion des Dreh-
winkels.

In Abb. 42 ist eine graphische Darstellung dieser Funktion gezeichnet. Als Ordinaten sind die jeweils umfassten Kraftlinienzahlen N, als Abszissen die Drehwinkel aufgetragen. Die Kurve I ergibt sich als eine einfache Sinuslinie. Man kann also den Wert von N für jeden Drehwinkel α berechnen als:

$$N = N_{max} \sin \alpha$$

wo N_{max} die maximal umfasste Zahl von Kraftlinien bedeutet.

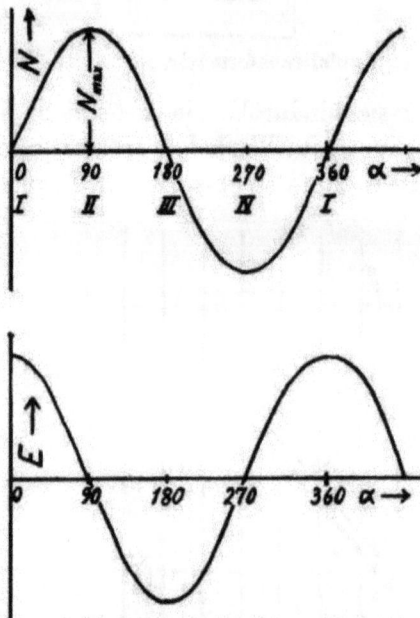

Abb. 42. Sinus und Kosinusfunktion.

Der Betrag der in der
Leiterschleife induzierten
elektromotorischen Kraft E ist aber nun keineswegs proportional
der jeweils umfassten Zahl N von Kraftlinien, sondern wie stets
betont wurde, der Änderungsgeschwindigkeit, der zeitlichen Zu-
oder Abnahme von N. Wenn man diese Abhängigkeit in eine
Formel bringen will, dürfte man also nicht ansetzen:

(Falsch!) $E = N . 10^{-8}$ Volt,

sondern man müsste setzen:

$E = $ zeitliche Änderung von $N . 10^{-8}$ Volt.

Dieser Ausdruck „zeitliche Änderung von N" wird zweckmässig durch das Symbol $\frac{dN}{dt}$ ersetzt, worunter jeweils die
Änderung in einem beliebig kleinen Zeitabschnitt verstanden
ist. Also

$$E = \frac{dN}{dt} 10^{-8} \text{ Volt.}$$

Man nennt $\frac{dN}{dt}$ den Differentialquotienten von N nach der Zeit
und spricht es aus dN nach dt.

Es ist die Aufgabe der Differentialrechnung, für irgend-
welche Funktionen die Werte ihrer Differentialquotienten zu
ermitteln. Für die einfache Sinusfunktion — und gerade
die spielt bei den Wechsel- und Hochfrequenzerscheinungen die
Hauptrolle — kann man aber auch ohne weiteren mathematischen Apparat den Wert der Differentialquotienten angeben.

Wo hat $\frac{dN}{dt}$, die zeitliche Änderung der Kraftlinienzahl,
ihre grössten Werte? Sicher dort, wo die Leiterschleife gerade
die Lagen I und III passiert, denn wenn sich hier der Drehwinkel nur um einen kleinen Betrag ändert, ist der Unterschied
von N ganz erheblich. Die Sinuskurve verläuft hier sehr steil.
Dagegen kann man bei den Lagen II und IV um erhebliche
Winkelbeträge drehen, ehe eine starke Zu- oder Abnahme von
Kraftlinien erfolgt.

Wenn man jetzt $\frac{dN}{dt}$ ebenso wie vorher N als Kurve anträgt
(Abb. 42), wobei wachsendem $\frac{dN}{dt}$ positive Werte, abnehmen-
dem $\frac{dN}{dt}$ negative Werte entsprechen, so erhält man als Kurve
eine Kosinusfunktion. Die Kosinusfunktion unterscheidet sich
von der Sinusfunktion nur dadurch, dass alle ihre Werte um 90° oder
$\frac{\pi}{2}$ gegen die Werte der Sinuskurve „in der Phase" verschoben
sind.

Die in der Leiterschleife induzierte Spannung berechnet sich also aus der umfassten Kraftlinienzahl als:

$$E = \frac{dN}{dt} 10^{-8} = N_{max} \sin\left(\alpha + \frac{\pi}{2}\right) 10^{-8} \text{ Volt} \quad . \quad . \quad . \quad 16)$$

Von dieser im vorstehenden angeführten Tatsache, dass der Differentialquotient einer Sinusfunktion wieder eine — nur um 90⁰ in der Phase verschobene — Sinusfunktion ist, kann man bei der Erörterung von Wechselstrom und Hochfrequenzerscheinungen oftmals mit Vorteil Gebrauch machen.

Ausgleichsgesetz. Eine Wechselstromdynamomaschine stellt eine Stromquelle dar, deren elektromotorische Kraft sich dauernd nach einem Sinusgesetz ändert. Jede der beiden Polklemmen vertauscht rhythmisch mit der anderen ihre Rolle als Quelle und Sinkstelle.

Wenn ein Leiterkreis an eine derartige Wechselspannung angeschlossen ist, so muss in ihm ein ebenfalls periodisch seine Richtung ändernder Wechselstrom entstehen.

Die Zeit nun, innerhalb deren ein bestimmter Wert sich wiederholt, heisst die Periode oder Schwingungsdauer des Wechselstromes T. Der reziproke Wert $\frac{1}{T} = n$, d. h. die Zahl der Perioden pro Sekunde, heisst die Frequenz, 2n nennt man die Wechselzahl. Dreht sich die Spule mit einer Winkelgeschwindigkeit ω, so ist $\omega = 2\pi n = \frac{2\pi}{T}$.

Da der Wechselstrom ebenso wie die Wechselspannung dauernd ihren Wert ändern, ist es für Messungen und Rechnungen zweckmässig, mit einem Mittelwert zu arbeiten. Als brauchbarster Mittelwert wird der sogenannte Effektivwert des Stromes — J_{eff} — in der Praxis benutzt. Wenn ein Wechselstrom einen Effektivwert von beispielsweise 15 Ampère besitzt, so heisst das, er ist in seiner Fähigkeit, einen Leiter zu erwärmen, einem Gleichstrom von 15 Ampère äquivalent. Die Wärmewirkung ist stets proportional dem Quadrat des Stromwertes. Unter Berücksichtigung dieses Umstandes lautet die allgemeinere Definition: Unter dem effektiven Wert einer nach dem Sinusgesetz alternierenden Grösse versteht man die Quadratwurzel aus dem Mittelwert der Quadrate von allen den Werten, die die alternierende Grösse während einer Periode annimmt. Der Effektivwert hängt mit dem Maximalwert zusammen durch folgende Beziehung:

$$J_{eff} = \frac{J_{max}}{\sqrt{2}} = 0{,}707 \; J_{max} \quad . \; . \; . \; . \quad 17 a)$$

Ebenso gilt auch:

$$E_{eff} = \frac{E_{max}}{\sqrt{2}} = 0{,}707 \; E_{max} \quad . \; . \; . \; . \quad 17 b)$$

Strom und Spannung brauchen in einem Wechselstromkreis nicht immer gleichphasig zu sein, sondern können, wie später erörtert wird, einen Phasenwinkel φ zwischen sich haben.

Die Leistung des Wechselstromes berechnet sich dann als das Produkt der Effektivwerte von Strom und Spannung multipliziert mit cos φ, also:

$$\text{Leistung} = J_{eff} \times E_{eff} \cos \varphi \; \text{Watt}, \quad . \; . \; . \quad 18)$$

worin cos φ der „Leistungsfaktor" genannt wird.

Die in den Sendeanordnungen der drahtlosen Telegraphie gebräuchlichen Wechselströme besitzen etwa 50 bis 1500 Perioden pro Sekunde. Das wichtigste Gesetz für diese technischen Wechselströme ist das Ausgleichsgesetz. Es gibt an, wie die Stromstärke im Wechselstromkreis von der Spannung und den Konstanten des Stromkreises abhängt und lautet:

$$J_{eff} = \frac{E_{eff}}{\sqrt{W^2 + \left(\omega L - \dfrac{1}{\omega C} \right)^2}} \quad . \; . \; . \; . \quad 19)$$

Zwischen Strom und Spannung besteht im allgemeinen eine Phasenverschiebung φ, die sich berechnet als:

$$\text{tg } \varphi = \frac{\omega L - \dfrac{1}{\omega C}}{W} \quad . \; . \; . \; . \; . \quad 20)$$

Dies sind die beiden Fundamentalformeln für Wechselstrom. Sie entsprechen an Wichtigkeit dem Ohmschen Gesetz für

Gleichstrom, mit dem sie nahe verwandt sind. Es bedeutet in ihnen:

ω die Winkelgeschwindigkeit gleich $2\pi n$, wo n = Frequenz,
E_{eff} die effektive Spannung in Volt,
J_{eff} die effektive Stromstärke in Ampère,
W den Ohmschen Widerstand in Ohm,
C die Kapazität in Farad und
L den Selbstinduktionskoeffizienten in Henry.

Über die Eigenschaften und die Ermittelung dieser 6 den Wechselstromkreis bestimmenden Grössen möge nachfolgend das für die Radiotelegraphie wesentlichste angeführt werden.

Die Frequenz. Während der gewöhnliche technische Wechselstrom im allgemeinen nur 50 Perioden pro Sekunde

Abb. 43. Hartmann-Kempfscher Frequenzmesser.

oder eine Wechselzahl von 100 besitzt, verwendet man in den modernen Stationen nach dem tönenden Funkensystem der Gesellschaft für drahtlose Telegraphie gern erheblich höhere Frequenzen und zwar solche bis etwa 1500 Perioden. Bei jedem Wechsel strahlt, wie später gezeigt werden wird, die angeschlossene Sendeanordnung eine Wellenserie aus, welche die Membran des Telephonhörers im Empfänger einmal in Bewegung setzt. Je grösser die Frequenz der Maschine ist, desto mehr Wellenserien pro Sekunde werden ausgestrahlt, desto öfter pro Sekunde wird die Membran des Telephones in Bewegung gesetzt, desto höher ist mit anderen Worten der Ton, den man im Empfangssystem hört. Um die Frequenz der Maschinen und damit die Tonhöhe der Station zu kontrollieren, verwendet man den Hartmann-Kempf schen Frequenzmesser in einer Spezialausführung. Vor einem von dem Wechselstrom umflossenen Elektromagneten ist eine Reihe von Stahlzungen verschiedener Schwingungsperioden aufgestellt. Es gerät dann jedesmal die Zunge in Schwingungen, deren Eigenperiode mit der des Wechselstromes in Resonanz ist. Die Seitenflächen der Kopfenden dieser Zungen sind weiss angestrichen, sie stehen alle in Reih und Glied in einem dunkeln Schlitz zwischen einer Skala (Abb. 43), so dass man an der maximal bewegten Zunge unmittelbar die vorhandene Frequenz ablesen kann.

Wenn die Frequenz etwa den Wert 10000 überschreitet, redet man von „Hochfrequenz". Wegen des Einflusses von

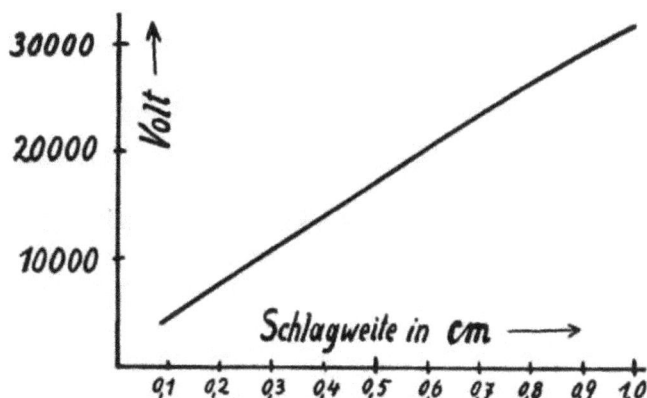

Abb. 44. Abhängigkeit der Schlagweite von der Spannung.

n auf den Zahlenwert von ω ändern sich die charakteristischen Merkmale des Wechselstromkreises bei derartiger Hochfrequenz erheblich. In Hochfrequenzkreisen spielt auch eine ganz andere Beziehung als die Gleichung 19) die Hauptrolle.

Spannung. Auf den Sendestationen der drahtlosen Tele-graphie benutzt man im allgemeinen die Wechselströme, um Kondensatoren auf hohe Spannung aufzuladen. Der von der Dynamomaschine kommende Strom wird deshalb stets in einem Transformator auf die gewünschte hohe Spannung hinauftrans-formiert, je nach der Grösse der Station auf etwa 3000 bis 150000 Volt. Da die genaue Messung derartig hoher Spannungen

unter Umständen schwierig ist, empfiehlt es sich, zur Schätzung
des Spannungsbetrages die Funkenschlagweite heranzu-
ziehen. Der Isolator hat gegenüber hohen elektrischen Spannungen nur eine beschränkte „dielektrische Festigkeit". Aus
der Länge der Luftstrecke, welche von einer vorhandenen
Spannungsdifferenz durchschlagen wird, kann man einen Rückschluss auf ihren Voltbetrag ziehen. Abbildung 44 gibt in einer
graphischen Darstellung die Abhängigkeit zwischen Schlagweite
und Spannung, wenn der Funke zwischen zwei Kugeln von
1 cm Radius übergeht. Da die Funkenlänge im einzelnen von
allen möglichen Nebenerscheinungen mit beeinflusst wird, kann
man diese Angaben nur zu Schätzungen verwenden. Es ist
aber sehr bequem zu wissen, dass einer Schlagweite von 1 cm
im Mittel rund 30000 Volt entsprechen. Die so geschätzte
Spannung ist stets die Maximalspannung. Sie muss mit 0,7
multipliziert werden, damit man die effektive Spannung erhält.
Die Gefahren der Berührung von Hochspannungsleitungen sind
bekannt.

Stromstärke. Die Messung der Stromstärke geschieht
am besten mit „quadratischen" Instrumenten, das heisst mit
solchen, die auf das Quadrat des Stromes reagieren. Der
Zeiger eines die linearen Werte anzeigenden Ampèremeters,
beispielsweise eines Drehspulgalvanometers, würde bei Wechselstrom nicht ausschlagen können, da er immer abwechselnd, aber
für die Trägheit des Systemes viel zu rasch, einen Bewegungs-
antrieb bald nach links, bald nach rechts usf. erhalten würde.

Ein oft verwendeter Wechselstrommesser ist das Hitzdrahtampèremeter. Ein ausgespannter dünner Draht aus Platin oder
Platiniridium wird von dem Wechselstrom durchflossen. Die
bei seiner Erwärmung durch den Strom (proportional $J^2 W$)
auftretende Verlängerung wird dazu benutzt, einen Zeiger entsprechend zu drehen. In der Mitte des Drahtes AB (Abb. 45)
wird ein nicht vom Strom durchflossener Hilfsdraht angebracht,
von dessen Mitte aus ein Fädchen über die Zeigerrolle R zur
Spannfeder F geführt ist. Jeder bestimmten Stromstärke entspricht dann eine bestimmte Verlängerung von AB und damit
eine bestimmte Zeigerstellung. Um die Einstellung des Zeigers

ruhig vor sich gehen zu lassen, ist an der Zeigerrolle ein leichter
Aluminiumleiter angebracht, der sich beim Ausschlagen zwischen
den Polen eines kleinen Stahlmagneten bewegt. Durch die beim

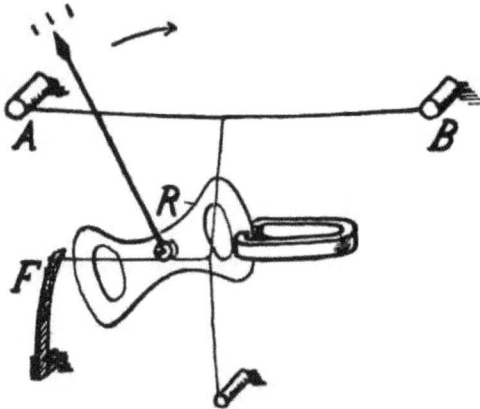

Abb. 45. Hitzdrahtampèremeter.

Schneiden der Kraftlinien auftretenden Induktionsströme wird
die zu schnelle Bewegung des Zeigers gehemmt (Induktions-
dämpfung).

Widerstand. Bei tech-
nischen Wechselströmen fluten
die Elektronen, noch fast genau
wie bei Gleichströmen, gleichmässig durch den ganzen Querschnitt der Leitungsbahn. Der
Ohmsche Widerstand eines Leiters ist also für Wechselstrom
praktisch derselbe wie für Gleichstrom. Je grösser der Querschnitt des Leiters ist, desto
höhere Stromstärken kann er
aufnehmen ohne sich schädlich
zu erwärmen. Bei Hochfrequenzströmen wird sich hier eine erhebliche Änderung ergeben.

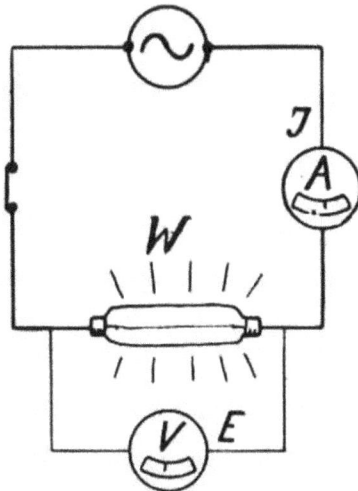

Abb. 46. Ohmscher Widerstand
im Stromkreis.

4*

Wenn eine Wechselstromquelle auf eine Leitungsbahn wirkt, die nur Ohmschen Widerstand enthält (Abb. 46), so tritt in Gleichung 19 eine erhebliche Vereinfachung ein. Die Werte für L und C muss man gleich Null setzen; die mit ihnen behafteten Glieder im Nenner fallen fort und es gilt, da man jetzt die Wurzel ziehen kann

(Nur Ohmscher Widerstand im Kreis).

$$J_{eff} = \frac{E_{eff}}{W} \qquad \qquad 21)$$

Das heisst, für diesen Fall geht das Ausgleichsgesetz für Wechselstrom direkt in das Ohmsche Gesetz über. Dabei sind Strom und Spannung in gleicher Phase, also immer gleichzeitig im Maximum, auf Null usf., denn aus Gleichung 20 folgt für

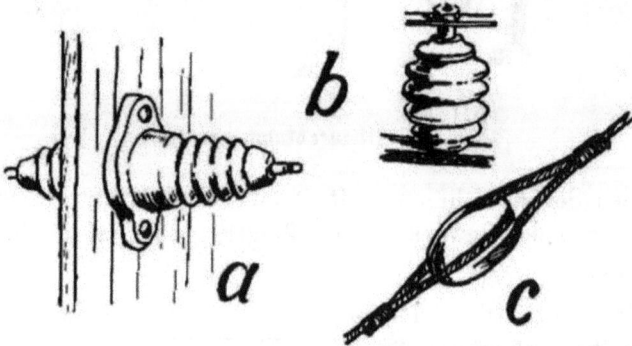

Abb. 47. Isolatoren.

$L = 0$ und $C = 0$ auch tg $\varphi = 0$. Es ist keine Phasenverschiebung vorhanden. Leiterteile, die diesen Bedingungen entsprechen und bei denen praktisch nur der Wert ihres Ohmschen Widerstandes für die Leitung in Frage kommt, sind beispielsweise Glühlampen.

Um hochgespannte Wechselstromleitungen wirksam zu isolieren, muss man um so grössere Sorgfalt verwenden, je höher die möglichen Maximalspannungen sind. Damit die etwa beim Beschlagen durch Feuchtigkeit eintretende Leitfähigkeit der Oberfläche der Isolatoren nicht zu gross wird, ist man bemüht, den Oberflächenweg dieser Isolatoren durch Anbringung von Rillen usf. nach Möglichkeit zu erhöhen. Abbildung 47 zeigt je einen nach diesem Prinzip gebauten Durchführungs-,

Stütz- und Abspannisolator aus Porzellan. Die letzteren, von denen diese und andere auch beim Verspannen der Antenne Verwendung finden, werden stets so gebaut, dass das Porzellan bei der Abspannung nicht auf Zug, sondern auf Druck, wobei es bedeutend grössere Festigkeit besitzt, beansprucht wird.

Kapazität. Über den Begriff eines Kondensators ist bereits auf Seite 15 das Wichtigste gesagt worden. Jeder Kondensator besteht danach aus zwei Metallbelegungen, die durch eine das elektrische Feld aufnehmende isolierende Schicht getrennt sind. Um die wirksamen sich gegenüberstehenden Oberflächenbeträge zu erhöhen, sind oftmals zwei Serien von Metallplatten, Zinnfolieblätter oder dergl., durch Zwischenlage von Glimmerplatten, Paraffinpapier dielektrisch getrennt, übereinander geschichtet.

Wenn man einen derartigen Kondensator in eine Wechselstromleitung einschaltet (Abb. 48), so werden seine Belegungen durch die ein- und ausströmenden Elektronen immer abwechselnd auf verschiedenes Vorzeichen aufgeladen und sein Dielektrikum wird der Sitz eines elektrischen Wechselfeldes. Nach Gleichung 1 ist die auf einem aufgeladenen

Abb. 48. Kondensator im Stromkreis.

Kondensator vorhandene Elektrizitätsmenge Q in Coulomb gleich dem Produkt aus seiner Kapazität C in Farad und der Potentialdifferenz seiner Belegungen V in Volt.

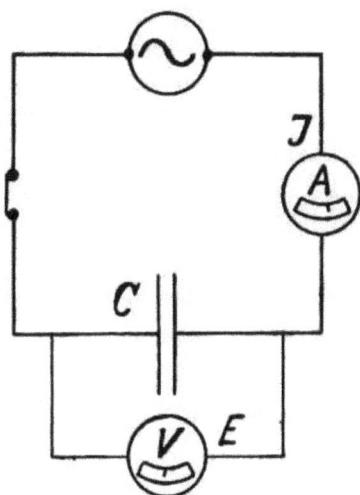

$$Q = CV \qquad \qquad . \quad . \quad . \quad . \quad . \quad . \quad 22)$$

Die Spannung zwischen den mit dem Kondensator verbundenen Leitungen ist dann am grössten, wenn er sich gerade im Maximum seiner Aufladung befindet. Das ist aber gerade der Moment, in dem keine Elektronen in seine Belegungen ein oder aus ihnen herausströmen. Andererseits besitzt gerade dann der Strom die grösste Intensität, wenn die Elektronen, ohne entgegengesetzte Abstossungskräfte überwinden zu müssen, in die Belegungen einströmen können. Das ist am stärksten der Fall, wenn am Kondensator die Spannung O herrscht.

In jedem Fall ist der vorhandene Strom proportional der Änderungsgeschwindigkeit der Ladung des Kondensators.

$$J = \frac{dQ}{dt}$$

oder, da man für Q auch V C schreiben kann und C konstant ist

$$J = C \frac{dV}{dt} \quad \ldots \quad \ldots \quad 23)$$

Wenn der Kondensator seine wechselnde Ladung einer sich sinusförmig ändernden elektromotorischen Kraft E verdankt, so hat, nach dem über Funktionen Gesagten, auch der Strom einen sinusförmigen Verlauf, jedoch so, dass alle seine Werte um 90° in der Phase gegen die Werte der elektromotorischen Kraft verschoben sind. Bezeichnet man einen Strom, der aus einer positiv geladenen Kondensatorbelegung herausfliesst, als positiv gerichtet, so ergibt sich, für den Fall die Leitung ausser der Kapazität weder Ohmschen Widerstand noch Selbstinduktion enthält, das Gesetz, dass der Strom der Spannung um 90° in der Phase vorauseilt.

Ist ausserdem Ohm scher Widerstand in der Leitung vorhanden, so folgt für den Phasenwinkel φ aus Gleichung 20:

$$\text{tg } \varphi = - \frac{1}{\omega C W} \quad \ldots \quad \ldots \quad 24)$$

Was nun den Betrag der Stromstärke in einem Wechselstromkreis betrifft, der einen Kondensator enthält, so ergibt Gleichung 19, für den Fall L und W gleich Null gesetzt werden, den Wert:

$$J_{eff} = \frac{E_{eff}}{\sqrt{\left(- \frac{1}{\omega C}\right)^2}} \quad \text{oder } J_{eff} = \omega C E_{eff} \quad . \quad . \quad 25)$$

Das heisst, die Stromstärke ist bei derselben Wechselzahl um so grösser, je grösser der Kapazitätswert des in der Leitung liegenden Kondensators ist. Der Kondensator, in dessen eine Belegung Elektronen einströmen, während gleichzeitig aus der anderen Belegung die gleiche Zahl ausströmt, lässt rein äusserlich betrachtet den Wechselstrom gewissermassen hindurchtreten. Seine Leitfähigkeit ist dabei naturgemäss um so grösser, je grösser die Belegungen, je grösser also der Kapazitätswert des Kondensators ist. Nach der Gleichung 25 hat ωC auch formal den Charakter einer Leitfähigkeit. Eine solche ist nach Seite 23 definiert als $\dfrac{1}{W}$. Wenn man für ωC in Gleichung 25 den Wert $\dfrac{1}{W}$ einsetzt, so folgt das Ohmsche Gesetz. Nach dieser Beziehung kann man auch unmittelbar den „scheinbaren Widerstand" eines Kondensators als $\dfrac{1}{\omega C}$ angeben. Es sei beispielsweise in eine Wechselstromleitung von 110 Volt und 50 Perioden ein Kondensator von 0,001 Farad eingeschaltet, so ergibt sich, dass dieser Kondensator, da

$$\frac{1}{2\pi \times 50 \times 0,001} = \frac{1000}{314} = 3,18,$$

einen scheinbaren Widerstand von 3,18 Ohm besitzt und er somit eine Stromstärke von 34,5 Ampère passieren lässt.

Verriegelungskondensator. Der scheinbare Widerstand ist in hohem Grade von der Wechselzahl anhängig. Bei einer Wechselzahl von 100 000 bis 1 000 000 Wechseln pro Sekunde, wie sie in Hochfrequenzkreisen vorkommen, besitzen alle Kondensatoren nur einen ganz verschwindend kleinen scheinbaren Widerstand. Da andererseits für die Periodenzahl 0, das heisst für Gleichstrom der Widerstand eines jeden Kondensators unendlich gross ist, so benutzt man geeignete Kapazitätsbeträge oft als „Verriegelungskondensatoren". Durch Einschalten eines derartigen Kondensators in einen Kreis belässt man diesem die Fähigkeit Wechselströme zu leiten, nimmt ihm aber diese Fähigkeit für Gleichstrom.

Kapazitätsmessung. Um den Kapazitätswert eines unbekannten Kondensators durch Vergleich mit einem geeichten Kondensator zu ermitteln, benutzt man die Wheatstonesche Brückenschaltung (Abb. 49).

An dem Messdraht AB liegt jetzt nicht eine Gleichstromquelle, sondern ein mit Wagnerschem Hammer oder Summer betriebenes kleines Induktorium. Oft ist es praktisch vorteilhaft, auf die sekundäre Spule des Induktoriums zu verzichten und nur mit dem unterbrochenen Gleichstrom zu arbeiten. In der Verzweigungsleitung liegt links der unbekannte Kondensator C_x, rechts der bekannte Kondensator C. Die Brücke enthält als Stromindikator einen Telephonhörer. Genau wie bei der Widerstandsvergleichung verstellt man den Gleitkontakt so lange, bis die Brücke stromlos wird. Für diesen Fall gilt:

$$\frac{\omega C_x}{\omega C} = \frac{b}{a} \text{ oder } C_x = C \frac{b}{a} \quad \ldots \ldots 26)$$

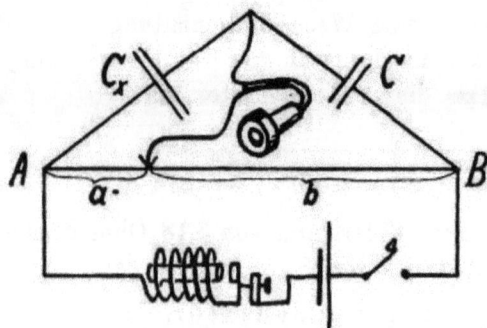

Abb. 49. Kapazitätsmessung.

Das Verhältnis der Messdrahtabschnitte a und b geht also bei Kapazitätsmessungen reziprok in die Rechnung ein.

Schaltung von Kondensatoren. Diese Tatsache, dass sich die Kapazitäten umgekehrt verhalten wie die Ohmschen Widerstände, spielt eine wichtige Rolle, wenn es sich darum handelt, mehrere Kondensatoren in einen Wechselstromkreis einzuschalten.

Es seien c_1 und c_2 in Abbildung 50a zwei vorliegende Kondensatoren. Schaltet man die beiden in Serie (Abb. 50b), so ist die resultierende Kapazität $C = \frac{c_1 c_2}{c_1 + c_2}$. Legt man die beiden parallel (Abb. 50c), so wird, da sich jetzt die Oberflächen addieren, $C = c_1 + c_2$. Ist dabei c_1 klein gegen c_2,

vielleicht so, dass $c_1 = 0,01\,c_2$, so erkennt man, dass bei in
Serie geschalteten Kondensatoren ($C = 0,0099\,c_2$) der kleine Kondensator siegt. Die Gesamtkapazität ist sogar noch kleiner als
c_1. Bei Parallelschaltung ($C = 1,01\,c_2$) siegt der grosse Kondensator c_2.

Selbstinduktion. Wenn sich die Stromstärke in einer
Leiteranordnung, die aus mehreren Drahtwindungen bestehen
möge, ändert, so entsteht durch die geänderte Kraftlinienzahl
innerhalb der Strombahn gerade so
eine induzierte elektromotorische
Kraft, als wenn die Veränderung
der Kraftlinienzahl durch einen bewegten Magneten oder eine zweite
Stromspule bewirkt worden wäre.
Diese elektromotorische Kraft bezeichnet man als die elektromotorische Kraft der Selbstinduktion. Jede
Leiteranordnung hat — entsprechend ihrer jeweiligen Form —
einen bestimmten Selbstinduktionskoeffizienten. Der Betrag der in
der Leiterschleife induzierten elektromotorischen Kraft E ist diesem
Betrage des Selbstinduktionskoeffizienten L sowie der Änderungsgeschwindigkeit des Stromes J
in der Schleife proportional. Man
kann dies nach Seite 45 schreiben

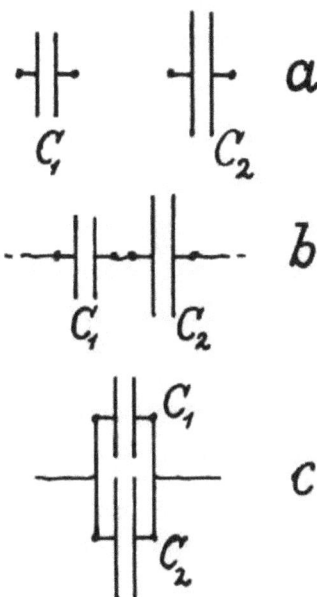

Abb. 50.
Schaltung von Kapazitäten.

als: $$E = L\frac{dJ}{dt} \quad\quad\quad\quad 27)$$

Da für J ein sinusförmiger Wechselstrom vorausgesetzt sein
soll, sind nach dem über periodische Funktionen gesagten der
Strom und die elektromotorische Kraft, welche der von aussen
aufgezwungenen gerade entgegenwirkt, um 90° in der Phase
verschoben; und zwar bleibt der Strom um 90° in der Phase
hinter der äusseren Spannung zurück. Die Einheit des
Selbstinduktionskoeffizienten besitzt ein Leiter, in dem die Ein-

heit der elektromotorischen Kraft induziert wird, wenn sich in ihm pro Zeiteinheit die Stromintensität um die Einheit ändert. Dienen wie bisher als Einheiten Volt, Ampère und Sekunde, so heisst die Einheit des Selbstinduktionskoeffizienten 1 Henry.

Enthält die Leiterschleife ausser dem Selbstinduktionskoeffizienten L auch noch Ohm schen Widerstand W, so berechnet sich nach Gleichung 20 der Phasenwinkel φ aus:

$$\operatorname{tg} \varphi = \frac{\omega L}{W} \quad \dots \quad 28)$$

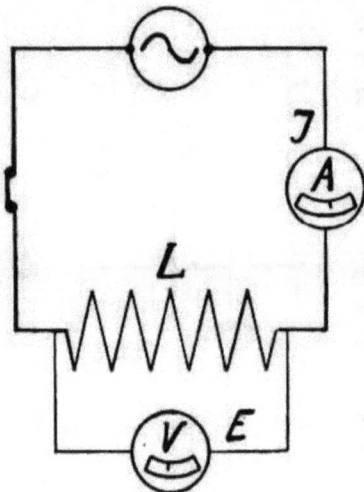

EineLeiterschleife,die ihresSelbstinduktionskoeffizienten wegen in eine Leiterschleife gelegt wird, nennt man eine „Selbstinduktionsspule". Ihre Wirkung auf die Stromstärke lässt sich wieder aus dem Ausgleichsgesetz Formel 19 berechnen. Für den Fall, wie Abbildung 51 annimmt, der Leiterzweig nur Selbstinduktion, dagegen Ohm schen Widerstand sowie Kapazität nur in zu vernachlässigenden Beträgen enthält, gilt:

Abb. 51.
Selbstinduktion im Stromkreis.

(Stromkreis enthält nur Selbstinduktion).

$$J_{eff} = \frac{E_{eff}}{\omega L} \quad \dots \quad 29)$$

Die Grösse ωL wirkt demnach so wie ein Ohm scher Widerstand, sie verkleinert die Intensität des Stromes.

Drosselspule. Man nennt Spulen, die man in Wechselstromkreise einschaltet, um die Stromstärke zu schwächen, „Drosselspulen". Ihre Bedeutung liegt vor allem darin, dass sie nicht wie die Regulierwiderstände überschüssige elektrische Energie in Wärme überführen und so quasi vernichten, sondern dass sie ohne Energieverbrauch phasenverschiebend tätig sind. Sie stellen nach Formel 28 ein grösseres φ und damit nach Formel 18 einen kleineren Leistungsfaktor her.

Physikalisch kann man sich den Drosselvorgang folgendermassen vorstellen. Die Wechselstrommaschine presst immer
abwechselnd an ihren Polklemmen Elektronen in die Leitung
hinein und saugt sie wieder heraus. Befindet sich in dieser
Leitung eine Drosselspule, so hat sie von Haus aus keinerlei
Magnetfeld um sich. Beginnt jetzt in der Leitung ein Strom
zu fliessen, so bildet sich in der Drosselspule ein Magnetfeld
aus. Die Herstellung dieses Magnetfeldes verbraucht Energie,
die der Stromarbeit entzogen wird. Nimmt der Strom bei
beginnendem Vorzeichenwechsel wieder ab, so bricht das Magnetfeld in der Drosselspule wieder zusammen. Die Kraftlinien-
änderung erzeugt einen Induktionsstrom, der den verschwindenden unterstützt. Die Elektronen fliessen wieder zur Maschine
zurück.

Ein Teil der Energie pendelt dabei gewissermassen zwischen
der Maschine und dem Feld um die Drosselspule hin und her.
Er wird jedesmal in dem Betrage, in dem er in der Leitung stören
würde, in das „Feld" gebracht.

Die Energie des magnetischen Feldes berechnet sich
dabei als:

$$\text{Energie (Selbstinduktionsspule)} = \frac{1}{2} L J^2 \text{ Watt} \quad . \quad . \quad . \quad 30)$$

Eisen, das die Kraftlinienzahl im Innern der Spulen erhöht,
erhöht gleichzeitig ihren Selbstinduktionskoeffizienten und damit
die Drosselwirkung. Man braucht, um eine variabele Drosselspule zu haben, nur einen Eisenkern verschieden tief in eine
Drosselspule einzusenken.

Diese Tatsache, dass sich die Energie aus der Strombahn
heraus teilweise in den Raum begibt, spielt auch bei der Einschaltung von Kondensatoren eine Rolle, nur dass hier nicht
ein magnetisches, sondern ein elektrisches Feld erzeugt wird,
das beim Verschwinden seine Energie in die Strombahn zurück-
gibt. Die Energie eines geladenen Kondensators berechnet sich
analog als:

$$\text{Energie (Kondensator)} = \frac{1}{2} C V^2 \text{ Watt} \quad . \quad . \quad . \quad . \quad . \quad 31)$$

Ebenso wie der Verriegelungskondensator dazu dient, einem Gleichstrom den Weg zu verlegen, einen Wechselstrom aber passieren zu lassen, kann eine Drosselspule dazu dienen, einen Wechselstrom am Fliessen zu hindern, aber einen Gleichstrom passieren zu lassen.

Je höher die Frequenz ist, um so höher steigt der scheinbare Widerstand einer Drosselspule. Eine Spule von dem Selbstinduktionskoeffizienten 0,1 Henry entspricht bei einer Periodenzahl von 5 einem Widerstand von

$$2\pi . 5 . 0,1 = 3,14 \text{ Ohm}$$

bei einer Periodenzahl von 5000 bereits einem solchen von 3140 Ohm. Wenn die Spule dabei aus dickem Draht besteht, kann ihr Ohmscher Widerstand sehr gering sein, sie für einen Gleichstrom also einen vorzüglichen Leiter vorstellen.

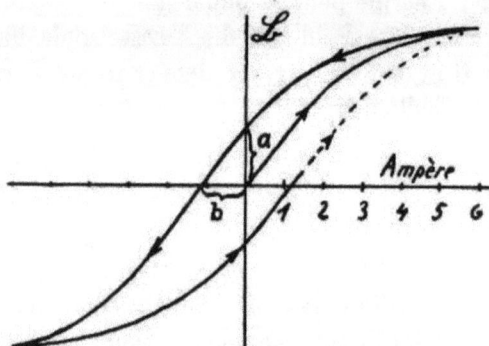

Abb. 52. Hysteresisschleife.

Hysteresis. Die Verwendung von Eisen in wechselstromdurchflossenen Spulen hat eine bemerkenswerte Besonderheit. Die Moleküle des Eisens sind nicht imstande, den ummagnetisierenden Kräften sofort und ohne Arbeitsverbrauch zu folgen. Es sei angenommen, dass eine eisengefüllte Spule von Wechselstrom umflossen wird. Das Diagramm Abbildung 52 zeigt die bei der Ummagnetisierung auftretenden Verhältnisse.

Auf der Abszissenachse sind die Stromwerte in Ampère aufgetragen, auf der Ordinatenachse die im Eisen erzeugten Kraftliniendichten $\mathfrak{B}$. Bei dem Stromwerte O Ampère möge

zunächst kein Magnetismus vorhanden sein. Beginnt der Strom
zu fliessen, so entstehen Kraftlinien. Ihre Zahl nimmt stetig
zu, aber nach und nach, da das Eisen „gesättigt" wird, immer
langsamer. Nimmt der Strom wieder ab, so kann das Eisen
mit seinen Magnetisierungswerten nicht sofort folgen. Es behält
dauernd grössere Magnetisierungswerte, als der betreffenden
Stromstärke vorher entsprochen haben. Ist der Strom auf Null
gesunken, so gibt der Betrag a auf der Ordinatenachse den Betrag
des „remanenten" Magnetismus in dem Eisenteil an. Erst wenn
die Stromrichtung ihr Vorzeichen umgekehrt hat, verliert sich
der Magnetismus ganz und geht dann in die entgegengesetzte
Polarität über, mit seinen Werten im Diagramm eine Schleife

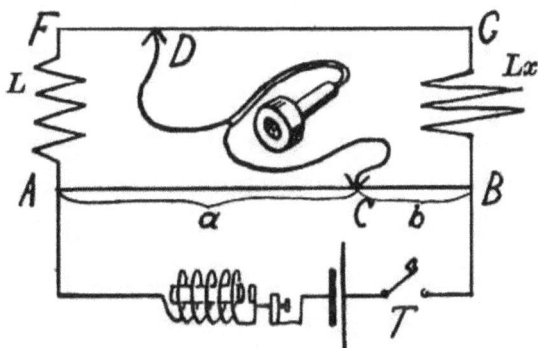

Abb. 53. Selbstinduktionsmessung.

beschreibend, die man die Hysteresisschleife nennt. Der Magnetismus des Eisens ist, wie man sagt, von der Vorgeschichte des
Eisens abhängig. Er kann bei einem bestimmten Strombetrage
ganz verschiedene Werte besitzen, je nachdem das Eisen früher
stärker oder schwächer magnetisiert war. Der Flächeninhalt
der von der Hysteresisschleife umschriebenen Figur ist ein Mass
für die bei der Umrichtung der Moleküle verbrauchten Arbeit.
Sie ist klein bei schwedischem Schmiedeeisen, gross bei Stahl.
Bei hohen Wechselzahlen nehmen die „Eisenverluste" unerwünscht
grosse Beträge an, so dass man bei Hochfrequenzspulen im allgemeinen prinzipiell die Verwendung von Eisen ausschliesst.

    Selbstinduktionsmessung. Die Messung von Selbst-
induktionskoeffizienten macht im allgemeinen, auch wenn man

sich auf den Vergleich mit einer geeichten Normalspule beschränken kann, grössere Schwierigkeiten, als die Messung von Kapazitätswerten.

Da jede Spule einen gewissen Ohm schen Widerstand besitzt, kann man zunächst immer nur den scheinbaren Widerstand $\sqrt{W_x^2 + (\omega L_x)^2}$ der unbekannten Spule mit der bekannten Spule $\sqrt{W^2 + (\omega L)^2}$ vergleichen. Der Vergleich geschieht wieder mit der Wheatstone schen Brücke (Abb. 53). An dem Messdraht AB liegt als periodische Stromquelle über einem Taster T eine Unterbrecheranordnung mit Batterie. Die unbekannte Selbstinduktionsspule Lx, die geeichte Selbstinduktionsnormalie L

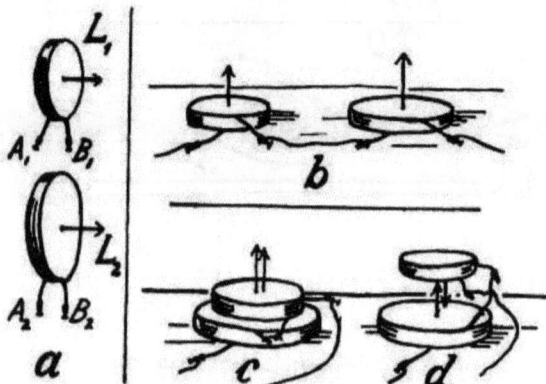

Abb. 54. Gegenseitige Lage von Selbstinduktionsspulen.

meist eine auf Serpentinstein gewickelte Spule, sind mit einem dünnen Draht von hohem Ohm schen Widerstand FG, unter sich in Serie, parallel zu AB gelegt. Man verschiebt nun bei Stromschluss die beiden Schleifkontakte C und D, zwischen denen der Telephonhörer liegt, so lange, bis man das schärfste Tonminimum gefunden hat. Ist durch systematisches Probieren dies Doppelminimum gefunden, so ist der Widerstandsbetrag des dünnen Gleitdrahtes so zu den Widerstandswerten der beiden Spulen verteilt worden, dass die Beziehung gilt:

$$\frac{L_x}{L} = \frac{b}{a} \text{ oder } L_x = L \frac{b}{a} \quad \ldots \ldots \quad 32)$$

Schaltung von Selbstinduktionsspulen. Sind
mehrere Selbstinduktionsspulen gegeben, so gelten für Serien-
und Parallelschaltung dieselben Gesetze, wie für die Schaltung
Ohmscher Widerstände. Von ganz besonderer Bedeutung ist
dabei aber der Einfluss, den zwei Spulen ihrer gegenseitigen
Lage wegen zu einander haben.

Es seien L_1 und L_2 (Abb. 54a) zwei Selbstinduktionsspulen.
Durch jede ist ein Pfeil gezeichnet, der angibt, wie das Magnetfeld gerichtet ist, wenn ein Strom durch die Klemmen von A
nach B fliesst. Liegen die hintereinander geschalteten Spulen
weit entfernt voneinander (Abb. 54b), dann ist der Selbstinduktionskoeffizient der Kombination L gleich der Summe von
L_1 und L_2 ($L = L_1 + L_2$). Legt man die Spulen übereinander,
so dass die Magnetfelder gleichgerichtet sind (Abb. 54c), so
erhält man für L einen Wert, der grösser ist als $L_1 + L_2$
und sein Maximum erhält, wenn die Spulen ganz dicht aufeinander oder ineinander liegen. L ist dann eher proportional
dem Produkt $L_1 \times L_2$, als der Summe. Kehrt man die eine
der Spulen um, so subtrahieren sich quasi die Wirkungen der
beiden Spulen. Der Selbstinduktionskoeffizient erreicht bei enger
gegenseitiger Lage sein Minimum. (Bifilare Wickelung.)

In der drahtlostelegraphischen Praxis macht man oft von
dieser Möglichkeit Gebrauch, durch Änderung der gegenseitigen
Konfiguration zweier Spulen ihren Selbstinduktionskoeffizienten zu
ändern.

Leistung. Wenn man den Betrag der elektrischen Energie
ermitteln will, den ein wechselstromdurchflossener Apparat verzehrt, so darf man, wie schon auf Seite 17 erwähnt wurde,
nicht einfach das Produkt aus dem Spannungsabfall zwischen
seinen Klemmen und der ihn durchfliessenden Stromstärke bilden,
sondern man muss dies Produkt noch mit dem Leistungsfaktor
cos φ multiplizieren. Um den Phasenwinkel φ, der stets
zwischen $0°$ und $90°$ liegt, experimentell zu ermitteln, gibt es
verschiedene mehr oder weniger einfache Methoden. Auf ihre
Besprechung kann hier verzichtet werden, da besondere direkte
Messinstrumente, sogenannte Wattmeter, im Handel sind.

Die Wattmeter besitzen vier Klemmen, zwei für die Spannung V_1 und V_2 und zwei für den Strom A_1 und A_2 (Abb. 55). Wenn es sich beispielsweise darum handelt, den Energiebetrag zu ermitteln, der dem Transformator einer Radiostation zugeführt wird, so muss man die Klemmen in der gezeichneten Weise schalten.

Das Wattmeter enthält eine Stromspule und eine gegen sie bewegliche Spannungspule, deren jeweiliger Drehbetrag direkt proportional $E_{eff} \times J_{eff} \times \cos \varphi$ ist.

Resonanz. Der Leistungsfaktor in einem Wechselstromkreis besitzt einen Wert von ca. 1, wenn nur Ohmscher Widerstand vorhanden ist. Er kann im Extremfall 0 werden, dann

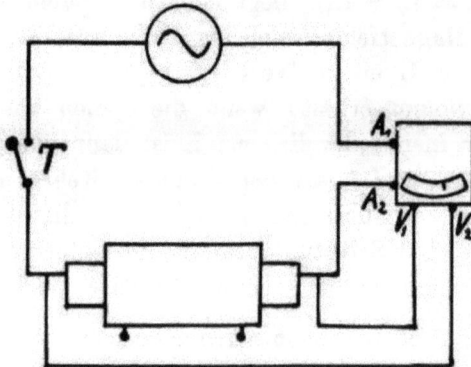

Abb. 55. Leistungsmessung.

wenn nur Selbstinduktion oder nur Kapazität im Kreise liegt. Die Selbstinduktion lässt den Strom in der Phase hinter der Spannung zurückbleiben, die Kapazität lässt ihn vorauseilen. Sind gleichzeitig Kapazität und Selbstinduktion im Kreise vorhanden, so kann die Phasenvoreilung und Phasennacheilung nach Formel 20 sich zu einem gewissen Betrag aufheben.

Dieser Fall hat für die Hochfrequenztechnik das allerfundamentalste Interesse.

Wenn nämlich der Ausdruck ωL zahlenmässig genau so gross ist wie der Ausdruck $\dfrac{1}{\omega C}$, so wird nach Gleichung 20 der Phasenwinkel genau gleich Null und damit der Leistungsfaktor cos φ gleich 1. In diesem Falle ist der Leistungsfaktor so gross wie er nur sein kann und auch die Stromstärke besitzt nach Formel 19 den denkbar grössten Wert, denn im Nenner fällt das stets positive Glied $\left(\omega L - \dfrac{1}{\omega C}\right)^2$ gänzlich fort.

Die Bedingung für diesen ganz ausserordentlichen Vorgang soll noch etwas anders formuliert werden. Führt man an Stelle von ω den Wert $2\pi n$ ein, so kann man zunächst schreiben:

$$2\pi nL = \frac{1}{2\pi nC}$$

Ersetzt man jetzt n durch den Wert $\dfrac{1}{T}$, so ergibt sich zunächst:

$$\frac{(2\pi)^2}{T^2} = \frac{1}{LC}$$

und hieraus, löst man nach T auf, der dem Radiotelegraphisten immer wieder begegnende Ausdruck:

$$T = 2\pi\sqrt{LC}, \quad \ldots \ldots \quad 33)$$

Der Leistungsfaktor in einem Wechselstromkreis wird am grössten, die Stromwerte am höchsten, wenn die Periode der Wechselstromquelle T in dieser Beziehung zu Kapazität und Selbstinduktion des Stromkreises stehen. Man nennt diese Gleichung auch die Thomsonsche Gleichung. Bei gegebener Selbstinduktion und Kapazität, also bei gegebenem Leiterkreis, muss stets eine Wechselstromperiode gefunden werden können, die in dem Kreis maximale Wirkungen ausübt.

Eigenschwingungen. Um die physikalische Ursache für das Auftreten einer derartigen Wirkung einzusehen, ist es vorteilhaft, sich das Wesen des Vorganges zu vergegenwärtigen, den man eine Eigenschwingung nennt.

Sei beispielsweise eine auf einer Spitze ruhende Magnetnadel vorhanden. Sie befindet sich, wenn sie sich in die magnetische Nordsüdrichtung eingestellt hat, in ihrer Ruhelage. Lenkt man die Nadel durch einen Stoss aus der Ruhelage ab und überlässt sie dann sich selbst, so wird sie zunächst durch die „Richtkraft" des Erdmagnetismus wieder nach ihrer Ruhelage zurückgetrieben. Sie schwingt zurück. Da sie aber infolge ihrer Masse Trägheit besitzt, überschwingt sie die Ruhelage und schlägt nach der anderen Seite aus. Die rücktreibende Kraft, eine sogenannte „konservative Kraft" nimmt zu in demselben Masse, wie sich die Nadel wieder von der Ruhelage entfernt, ihre Geschwindigkeit vermindert sich, die Nadel steht einen Moment still und dann schwingt sie wieder wie vorher zurück. Das Spiel wiederholt sich so lange, bis durch Reibungs-verluste der Betrag an Energie verbraucht ist, der dem System durch den Anstoss zugeführt war.

Die Energie hat sich dabei immer zwischen zwei Formen umwandeln müssen. Der Form der kinetischen Energie mit einem Maximum, wenn die bewegte Masse der Nadel durch die Ruhelage ging, und der Form der potentiellen Energie oder Energie der Lage, wenn die Nadel entgegen der Richtkraft ganz nach aussen geschwungen war.

Die Schwingungsdauer der Magnetnadel ist dabei gegeben durch die Formel:

$$\text{(Magnetnadel)} \quad \tau = 2\pi \sqrt{\frac{K}{\mathfrak{M} \cdot \mathfrak{H}}}$$

wobei $\mathfrak{M}$ das magnetische Moment der Nadel, K ihr Trägheits-moment und $\mathfrak{H}$ die Horizontalintensität des Erdmagnetismus bedeutet.

Um ein anderes Beispiel anzuführen: Die Formel für die Schwingungsdauer eines Pendels lautet:

$$\text{(Pendel)} \quad \tau = 2\pi \sqrt{\frac{l}{g}},$$

was man erweitern kann zu

$$\tau = 2\pi \sqrt{\frac{m\,l}{m\,g}},$$

wo m die Masse des Pendels, l seine Länge und g die Schwere-beschleunigung bedeutet.

Untersucht man andere schwingende Bewegungen, die einer gezupften Saite, eines eingeklemmten elastischen Stabes usf., stets wird man für die Dauer der Eigenschwingung τ geführt auf eine Formel vom Charakter:

$$\tau = 2\pi \ \sqrt{\frac{\text{Trägheitsmoment}}{\text{Direktionskraft}}} \quad \cdots \quad 34)$$

Namentlich aus der Lehre vom Schall ist nun die Tatsache bekannt, dass irgend ein schwingungsfähiges Gebilde, eine Luftsäule, eine Holzfaser oder was sonst, dann zu einem maximalen Mitschwingen veranlasst wird, wenn die Periode einer anderweit vorhandenen erregenden Schwingung mit der Eigenschwingungsdauer des betreffenden Gebildes übereinstimmt. Man bezeichnet diese Erscheinung als „Mittönen" oder „Resonanz".

Nach Anführung dieser allgemein geläufigeren Fälle ist der physikalische Sinn der Thomsonschen Gleichung unschwer zu interpretieren.

Die maximalen Wirkungen, die in einem Selbstinduktion und Kapazität enthaltenden Stromkreis bei einer ganz bestimmten Periode auftreten, beruhen auf einer elektrischen Resonanz. Die Eigenschwingungsdauer des elektrischen Systemes stimmt dann überein mit der Periode des erregenden Wechselstromes. Jeder neue Stromstoss trifft den Stromkreis immer in einem Moment, in dem infolge der Eigenschwingung die Elektrizität in demselben Sinne geflossen wäre. So kann eine Reihe schwacher Wechselstromimpulse ihre Einzelwirkungen summieren. Bei jeder Schwingung kommt von der Wechselstromquelle ein Energiezuwachs dazu, so lange, bis die Verluste gerade den Zuwachs kompensieren und Gleichgewicht eintritt. Diese allmähliche Anreicherung der Energie ist für das Resonanzphänomen charakteristisch.

Jeder Leiter, der Kapazität und Selbstinduktion enthält und in dem kein zu hoher Widerstand liegt, besitzt eine elektrische Eigenschwingungsdauer.

In dem Leitergebilde kann der Schwarm der freien Elektronen hin- und herwuchten. Die Elektronen stauen sich im Kondensator, das elektrische Feld repräsentiert die Energie der Lage, sie fluten durch die Selbstinduktionsspule und besitzen, während das Magnetfeld geschaffen ist, ihre grösste kinetische Energie.

Die Selbstinduktion, diese Grösse, die einen Strom, der wachsen will, zu verhindern sucht, die einen anderen, der verschwinden will, weiter unterhält, stellt die elektrische Trägheit vor. Jedes Elektron setzt einer Änderung seiner Geschwindigkeit, der Umgestaltung seines Magnetfeldes wegen, diese scheinbare Trägheit entgegen. Das Reziproke der Kapazität entspricht der Direktionskraft. Je kleiner die Kapazität, desto grösser wird die auftretende Spannung. Das Produkt aus Kapazität und Selbstinduktion ist massgebend für die Dauer der Schwingung.

Die schnellen Eigenschwingungen elektrischer Systeme, die Wirkungen mehrerer schwingungsfähiger Systeme aufeinander bilden den Hauptinhalt der nächsten zwei Kapitel.

Resonanzinduktor. Während im allgemeinen von der Resonanz bei technischem Wechselstrom keinerlei Gebrauch gemacht wird, spielt sie in einem Falle gelegentlich in der Radiotelegraphie eine Rolle.

Es war schon gesagt worden, dass in den Sendeanordnungen der Wechselstrom dazu benutzt wird, über einen Induktor oder Transformator Kondensatoren aufzuladen. Diese Kondensatoren sollen sich dann durch eine Funkenstrecke entladen. Wünscht man nun eine relativ langsame Funkenfolge von vielleicht 20 Funken pro Sekunde und hat man einen Wechselstrom von vielleicht 100 Wechseln zur Verfügung, dann richtet man es zunächst so ein, dass die Selbstinduktion L_1 der Sekundärspule des Induktors L_2 mit der aufzuladenden Kapazität C Abb. 56 gerade so abgeglichen ist, dass Resonanz zwischen diesem Kreise und der Periode T des erregenden Wechselstromes besteht. Nun kann sich die Energie im Sekundärkreis allmählich in die Höhe pendeln und man hat es in der Hand, die Länge der Funkenstrecke F so

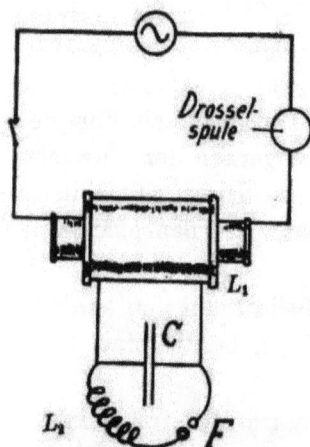

Abb. 56. Resonanzinduktor.

zu regulieren, dass etwa nach jedem fünften Wechsel die zum Durchschlagen erforderliche Resonanzspannung vorhanden ist. Dabei kann natürlich das aus dem Kondensator C und der Selbstinduktionsspule L_2 bestehende System eine von T ganz verschiedene Eigenschwingungsdauer besitzen.

IV. Kapitel.
Der geschlossene Schwingungskreis.

Die Erzeugung von Hochfrequenzströmen. Wenn es darauf ankommt, elektrische Wechselströme sehr hoher Frequenz herzustellen, d. h. solche von mindestens 10000 bis 100000 Wechseln pro Sekunde, so könnte man zunächst an direkte maschinelle Methoden denken. Leider vermag man aber leistungsfähige Wechselstrommaschinen so hoher Wechselzahl aus technischen Gründen nicht zu bauen. Die wegen der Zentrifugalkräfte praktisch begrenzte Tourenzahl der Maschinen sowie die nicht unterschreitbaren äusseren Dimensionen der Induktionswicklungen bieten unüberwindliche Hindernisse. Erst in neuester Zeit hat man mit teilweisem Erfolg versucht, das Ziel durch gewisse elektrische Kunstgriffe zu erreichen. Da die fragliche von Goldschmidt und Graf Arco angegebene Methode der Frequenzsteigerung durch relativ gegeneinander rotierende Felder für die Luftschiffahrt gegenwärtig nicht von Interesse ist, so kann sich die Darstellung auf die Erörterung der bisher technisch allein verwendeten Methode beschränken, Hochfrequenz durch die Eigenschwingung elektrischer Systeme mit Hilfe von Funkenstrecken oder Flammenbogen herzustellen.

Ein geschlossener Schwingungskreis, in dem Hochfrequenzströme erzeugt werden sollen, besteht im allgemeinen aus einem Kondensator C (Abb. 57), einer Selbstinduktionsspule L und einer Funkenstrecke F. Der Kondensator wird durch einen hochgespannten Strom aufgeladen. Ist die Spannung an den Kondensatorbelegungen so gross geworden, dass die elektrische Festigkeit der Luftstrecke zwischen F überansprucht wird, so tritt im Funken eine Durchbrechung der Luftstrecke ein. Der zwischen den Elektroden liegende Raum wird durch die aus dem Elektrodenmaterial austretenden Ionen leitend gemacht und der Stromkreis ist geschlossen. Jetzt oszilliert die Elektrizität in der Strombahn zwischen den beiden Kondensatorbelegungen so lange hin und her, bis durch allerlei Energieverluste der dem Kondensator bei der Aufladung zugeführte Betrag von Energie verbraucht ist. Fliesst dann kein Strom mehr durch die Funkenstrecke, so wird die Luftschicht wieder nichtleitend, eine angelegte Spannung kann den Kondensator von neuem auf-laden und das ganze Spiel wird sich wieder-holen.

Im vorigen Kapitel war die Tatsache, dass eine derartige schwing-ungsartige oder oszil-lierende Entladungs-form möglich ist, durch Analogien und Beispiele aus anderen Gebieten mehr qualitativ be-gründet worden. Man

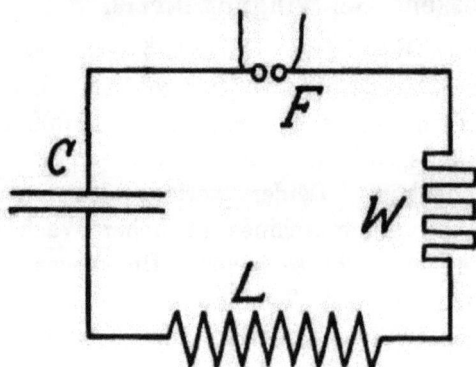

Abb. 57. Geschlossener Schwingungskreis.

kann den Beweis direkt führen, wenn man einen dem Auge als gleichmässig hellen Lichtblitz erscheinenden Entladungsfunken in einem rotierenden Spiegel betrachtet oder wenn man eine lichtempfindliche Platte rasch an dem Funken vorbeiführt. Er erscheint dann aufgelöst in eine ganze Reihe von Einzelentladungen (Feddersen). In diesem Kapitel ist es notwendig, die quantita-tiven Gesetze über den Verlauf der Hochfrequenzströme schärfer zu formulieren. Ebenso wie aber das Ausgleichsgesetz für Wechselstrom, die Phasenbeziehung usf. zunächst einfach als vorhanden genannt und erst nachträglich etwas illustriert worden ist, sollen auch hier die für die Praxis wichtigen Formeln zu-nächst ohne „Ableitung" mitgeteilt werden. Nur der Weg, auf dem sie gewonnen werden (von Thomson schon 1855 be-schritten), sei einleitend kurz skizziert.

Aufstellung der Schwingungsgleichung. Es sei gegeben ein Kondensator C, der sich durch eine Selbstinduktionsspule L und einen Ohm'schen Widerstand W entladet. Die Spannung an den Kondensatorbelegungen sei zu einem gewissen Moment gleich V, der Strom, der dann im Kreise fliesst, gleich J. Durch diesen Strom wird in der Spule nach Formel 27) eine gegenelektromotorische Kraft vom Betrag $L\dfrac{dJ}{dt}$ induziert. Die ursprüngliche Potentialdifferenz V, vermindert um diese Gegenspannung $L\dfrac{dJ}{dt}$, dient dazu, den Spannungsabfall JW längs des Ohm'schen Widerstandes zu überwinden. Es ist also:

$$V - L\frac{dJ}{dt} = JW$$

Nach Gleichung 23) kann man unter Berücksichtigung des Vorzeichens der Strömung für J den Wert $-C\dfrac{dV}{dt}$ einsetzen. Es wird nun

$$V + LC\frac{d\left(\dfrac{dV}{dt}\right)}{dt} + WC\frac{dV}{dt} = 0$$

An Stelle des Ausdrucks $\dfrac{d\left(\dfrac{dV}{dt}\right)}{dt}$, der eine zeitliche Änderung eines Differentialquotienten, oder einen zweiten Differentialquotienten vorstellt, schreibt man als einfacheres Symbol $\dfrac{d^2V}{dt^2}$ und man erhält, wenn man die ganze Gleichung durch LC dividiert:

$$\frac{d^2V}{dt^2} + \frac{W}{L}\cdot\frac{dV}{dt} + \frac{V}{LC} = 0 \quad \ldots \ldots \quad 35$$

Intregation der Schwingungsgleichung. Aus dieser homogenen linearen Differentialgleichung zweiter Ordnung, die die Abhängigkeit der Spannung und damit mittelbar des Stromes von der Zeit enthält, lassen sich alle auf den Stromkreis bezüglichen Formeln ableiten. Für die mathematische Lösung dieser Gleichung spielt ausser der schon auf Seite 44 erörterten Sinus- und Kosinusfunktion eine dritte

Funktion, die man als „Exponentialfunktion" bezeichnet, mehrfach eine Rolle.

Die Exponentialfunktion ordnet jedem beliebigen Wert x einen abhängigen Wert y so zu, dass gilt:

$$y = e^x \quad \ldots \ldots \ldots \quad 36)$$

wobei e die Zahl 2,718, also die Basis der natürlichen Logarithmen, bezeichnet. Trägt man die zusammengehörigen Werte von x und y graphisch in ein rechtwinkliges Koordinatensystem ein, so erhält man die in Abbildung 58 links dargestellte Kurve.

Mathematisch ist diese Funktion deshalb besonders interessant, weil sie die einzige Funktion ist, die sich beim

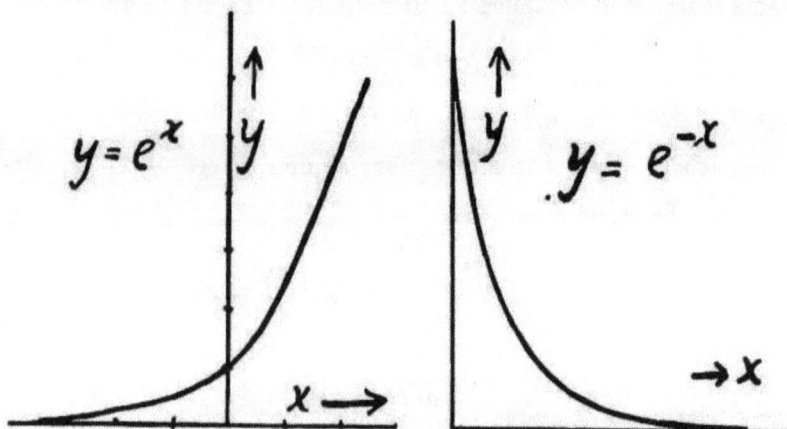

Abb. 58. Exponentialfunktion.

Differenzieren stets reproduziert. Während sich eine Sinusfunktion beim Differenzieren in eine Kosinusfunktion verwandelte, ergibt sich beim Differenzieren der Exponentialfunktion wieder die Exponentialfunktion. Besitzt x einen Faktor a, heisst die Funktion also $y = e^{ax}$, so ist der Wert des ersten Differentialquotienten ae^{ax}, der des zweiten a^2e^{ax} u. s. f.

Physikalisch ist sie in einer besonderen Gestalt besonders häufig in der Form:

$$y = e^{-bx} \quad \ldots \ldots \ldots \quad 37)$$

Mit diesem negativen Exponenten sagt sie aus, dass y mit wachsendem x umso rascher abnimmt, je grösser die Konstante

b ist; andererseits erfolgt die Abnahme in demselben Verhältnis langsamer, je kleiner das jeweils noch vorhandene y
ist. Abbildung 58 rechts zeigt die für viele physikalischen Prozesse
charakteristische Kurve, die man, wenn x die Zeit t bedeutet,
die Abklingungs- oder „Dämpfungskurve" nennt. Sich
in gleichen zeitlichen Abständen τ folgende Ordinaten y_1, y_2,
y_8 usf. stehen in einem konstanten Höhenverhältnis

$$\frac{y_1}{y_2} = \frac{y_2}{y_8} = k.$$

Die Grösse b, die proportional dem Logarithmus von k ist und
somit für die Schnelligkeit des Abklingens massgebend ist, heisst
das logarithmische Dekrement der Dämpfung oder einfach das
Dämpfungsdekrement.

Sowohl die mathematische als physikalische Seite der Exponentialfunktion kommt hier in Betracht; zunächst die mathematische.

Setzt man in Gleichung 35) für V den Wert $e^{\alpha t}$, für $\dfrac{dV}{dt}$

entsprechend $\alpha e^{\alpha t}$, für $\dfrac{d^2V}{dt^2}$ ebenso $\alpha^2 e^{\alpha t}$ ein und dividiert die

ganze Gleichung durch $e^{\alpha t}$, so erhält sie die Form:

$$\alpha^2 + \frac{W}{L}\alpha + \frac{1}{LC} = 0 \quad \ldots \ldots 38)$$

Eine derartige quadratische Gleichung hat aber, wie allgemein
bekannt ist, stets zwei Lösungen:

$$\alpha_{1,2} = -\frac{W}{2L} \pm \sqrt{\frac{W^2}{4L^2} - \frac{1}{LC}} \quad \ldots \ldots 39)$$

Je nachdem nun der Ausdruck unter der Wurzel, die sogenannte
Diskriminante positiv ist oder negativ, liefert die
Gleichung 35) bei der Auswertung zwei prinzipiell verschiedene
Endresultate, deren einfache Wiedergabe hier genügen muss,
nachdem der Weg, der zu ihnen führt, gezeigt wurde.

Aperiodische Entladung. Das Resultat für den Fall
die Diskriminante positiv ist, wenn also mit anderen Worten W^2
grösser als $\dfrac{4L}{C}$, lautet:

$$J = \frac{V}{aL}\, e^{-\frac{W}{2L}t}\, (e^{at} - e^{-at}) \quad . \quad . \quad . \quad . \quad 40)$$

wobei $a = \sqrt{\dfrac{W^2}{4L^2} - \dfrac{1}{LC}}$ und V den Anfangswert der Spannung bedeutet.

Diese Gleichung besagt, dass für den Fall der Widerstand des Schliessungskreises einen zu grossen Wert besitzt, der Kondensator sich einfach ohne periodische Erscheinungen, also aperiodisch entladet (a bedeutet nicht). Den Verlauf einer aperiodischen Entladung, die in einem Teil der Strom-

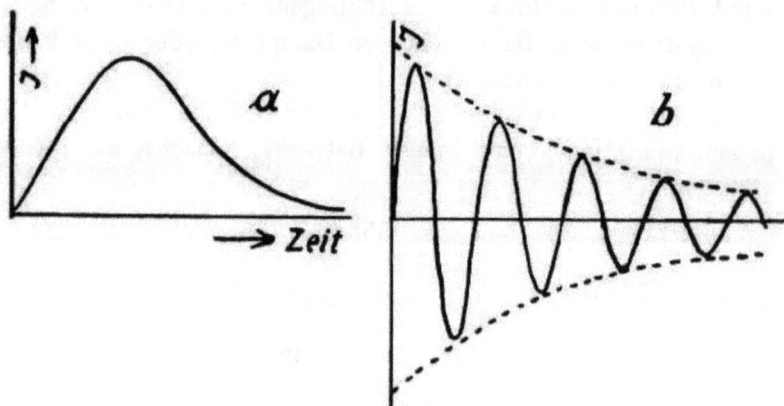

Abb. 59. Aperiodische und periodische Entlastung.

kreise radiotelegraphischer Empfangsaparate angestrebt wird, kennzeichnet Abbildung 59 a.

Periodische Entladung. Ausserordentlich viel wichtiger als diese aperiodische Entladung ist der Fall, dass W^2 kleiner als $\dfrac{4L}{C}$. Das Ergebnis lautet dann:

$$J = \frac{V}{\omega L}\, e^{-\frac{W}{2L}t}\, \sin \omega t \quad . \quad . \quad . \quad . \quad 41)$$

wobei $\omega = 2\pi n$.

Den Verlauf dieses Gesetzes zeigt Abbildung 59b. Eine Sinusfunktion ist mit einer Exponentialfunktion multipliziert, so dass die Amplituden der Schwingungskurve $\sin \omega t$, durch die Exponentialfunktion $e^{-\frac{W}{2L}t}$ begrenzt, kleiner werden. Die Maximalamplitude von J ist gegeben durch $\frac{V}{\omega L}$. Die Kurve ist das Bild einer gedämpften Schwingung.

Folgende Beziehungen, die in der Praxis der Radiotelegraphie häufig gebraucht werden, sind in Gleichung 41) enthalten. Sie gestatten im allgemeinen wegen $n = \frac{1}{T}$, $\omega = 2\pi n$,

$\omega = \frac{2\pi}{T}$ (Seite 46), wozu noch nach 42) $2\pi n = \omega = \frac{1}{\sqrt{LC}}$ kommt, zahlreiche Umgestaltungen.

Die Dauer einer Periode T für den Fall der Widerstand W sehr klein ist. Gilt praktisch fast stets.

$$T = 2\pi\sqrt{LC} \text{ sec} \quad \ldots \quad 42)$$

Die Dauer einer Periode T für den Fall der Widerstand W nicht vernachlässigt werden kann. Gilt selten.

$$T = \frac{2\pi}{\sqrt{\frac{1}{LC} - \frac{W^2}{4L^2}}} \text{ sec} \quad . \quad 43)$$

Die maximale Stromamplitude J_{max} umgeformt aus $\frac{V}{\omega L}$.

$$J_{max} = V_{max}\sqrt{\frac{C}{L}} \text{ Ampère} \quad 44)$$

Das logarithmische Dekrement b der Dämpfung

$$b = \pi W\sqrt{\frac{C}{L}} \quad . \quad \ldots \quad . \quad 45)$$

Die Zeit t, in der die Schwingungsamplitude auf $\frac{1}{e}$ oder 0,37 ihres Wertes gesunken ist

$$t = \frac{2L}{W} \text{ sec} \quad . \quad \ldots \quad . \quad 46)$$

Die Zahl der Schwingungen z, bis die Amplitude auf 0,37 ihres Wertes gesunken ist

$$z = \frac{t}{T} \quad . \quad \ldots \quad . \quad . \quad 47)$$

DieZahl β der Schwingungen, bis die Schwingungsamplitude bis auf 1 % ihres Anfangswertes abgeklungen, also praktisch verschwunden ist. Der Zahlwert von ln 100 ist 4,60

$$\beta = \frac{\ln 100 + d}{d} \quad \ldots \ldots 48)$$

In diese Formelzusammenstellung kann zum Schluss noch die sich aus Gleichung 31) ergebende Beziehung aufgenommen werden, welche die in einem Kondensatorkreis pro Sekunde umgesetzte Energie A angibt, wenn der Kondensator N mal pro Sekunde anfgeladen wird, sich also N mal pro Sekunde in Schwingungsserien entladen kann.

$$\text{(Energie) } A = \frac{NCV^2}{2} \text{ Watt} \quad \ldots \ldots 49)$$

Auch eine wichtige Ergänzung zu Formel 42) soll dem auf Seite 65 gesagten hinzugefügt werden.

Wenn Elektronen in Leitern schwingen und die Anordnung ist so beschaffen, dass sich die auftretenden Feldstörungen durch den Raum ausbreiten können, so erfolgt diese Ausbreitung mit Lichtgeschwindigkeit $c = 3 \times 10^8$ m/sec. In der Sekunde gehen n mal gleiche Störungen aus. Der Abstand gleicher Störungszustände $\frac{c}{n}$ heisst die Wellenlänge λ. An Stelle zu sagen, ein Kreis hat eine Schwingungsdauer T, kann man sagen, er besitzt eine Wellenlänge $\lambda = \frac{c}{n} = cT$ Meter, wenn man darunter versteht, dass er diese Wellenlänge erzeugen würde, wenn er eine seiner Eigenschwingungsdauer entsprechende Strahlung veranlassen könnte. Also:

(Wellenlänge)
$$\lambda = 2\pi c \sqrt{LC} \text{ m oder}$$
$$\lambda = 18,8 \sqrt{CL} \cdot 10^8 \text{ m} \quad \ldots \ldots 50)$$

Zahlenbeispiel. Die Durchrechnung eines Zahlenbeispieles wird die Anwendung dieser 9 Formeln am besten zeigen.

Es sei ein Schwingungskreis gegeben. Die Kapazität C betrage 4×10^{-8} Farad, die Selbstinduktion L etwa 25×10^{-6}

Henry, der Ohmsche Widerstand 5 Ohm. Der Kondensator werde durch die Amplituden eines Wechselstromes von der Periode 500 jedesmal bis zum Durchschlagen der Funkenstrecke aufgeladen (N = 1000). Zum Durchschlagen der Funkenstrecke seien 30000 Volt (V = 3 × 10⁴ Volt) erforderlich. Es mögen alle Bestimmungsstücke des Kreises berechnet werden.

1. (T nach Formel 42)

$$T = 6{,}28 \sqrt{4 \times 10^{-8} \times 25 \times 10^{-6}} = 6{,}28 \sqrt{1 \times 10^{-12}}$$
$$T = 6{,}28 \times 10^{-6} \text{ sec.}$$

Die Dauer einer Periode beträgt also reichlich sechs Milliontel Sekunde. An dieser Schwingungsdauer wird nichts wesentliches geändert, wenn man den Einfluss des Ohmschen Widerstandes berücksichtigt.

2. (T nach Formel 43)

$$T = \frac{6{,}28}{\sqrt{\dfrac{1}{1 \times 10^{-12}} - \dfrac{25}{4 \times 6{,}25 \times 10^{-10}}}}$$

oder $T = 6{,}28 \sqrt{\dfrac{100}{99} \times 10^{-12}} = 6{,}28 \times 1{,}005 \times 10^{-6}$

$$T = 6{,}31 \times 10^{-6} \text{ sec.}$$

Der Einfluss des Widerstandes ist also sehr gering, er beträgt nur 0,5 %. Für Überschlagsrechnungen genügt demnach Formel 42.

3. (λ nach Formel 50). Es sei hier eingeschoben, welche Wellenlänge dieser Kreis ergeben würde:

$$\lambda = 18{,}8 \sqrt{1 \times 10^{-12}} \times 10^{8} = 18{,}8 \times 10^{2} \text{ m}$$
$$\lambda = 1880 \text{ m}$$

Diese Wellenlänge würde also rund 1900 m betragen. Die Station Norddeich arbeitet mit einer Wellenlänge von 1650 m.

4. (J_{max} nach Formel 44)

$$J_{max} = 3 \times 10^{4} \sqrt{\frac{4 \times 10^{-8}}{25 \times 10^{-6}}} = 3 \times 10^{4} \sqrt{16 \times 10^{-4}}$$
$$= 3 \times 10^{4} \times 4 \times 10^{-2}$$
$$J_{max} = 1200 \text{ Ampère.}$$

Eine derartig überraschend gewaltige Stromstärke tritt, wenn auch immer nur für äusserst kurze Zeit, in dem Schwin-

gungskreis auf.. Die Magnetfelder so starker und sich so
rasch ändernder Ströme können zu viel intensiveren Induktionswirkungen Anlass geben als gewöhnliche technische Wechselströme, die sekundlich denselben Energiebetrag führen.

5. (b nach Formel 45)

$$b = 3,14 \times 5 \sqrt{\frac{4 \times 10^{-8}}{25 \times 10^{-6}}} = 15,7 \times 4 \times 10^{--2}$$

$$b = 0,628$$

Entsprechend dem absichtlich hoch angenommenen Widerstand ist das Dämpfungsdekrement verhältnismässig sehr gross.

6. (t nach Formel 46)

$$t = \frac{2 \times 25 \times 10^{-6}}{5}$$

$$t = 1 \times 10^{-5} \text{ Sekunde.}$$

7. (z nach Formel 47)

$$z = \frac{1 \times 10^{-5}}{6,28 \times 10^{-6}}$$

$$z = 1,6$$

Die Werte von 6 und 7 sind dem Geübten für das Skiz-
zieren der Kurven sehr erleichternd.

8. (β nach Formel 48)

$$\beta = \frac{4,60 + 0,628}{0,628} = \frac{5,28}{0,628}$$

$$\beta = 8,4$$

Nach 8,4 Perioden sind praktisch die auf eine Neuaufladung
des Kondensators folgenden Schwingungen verschwunden.

9. (A nach Formel 49)

$$A = \frac{1000 \times 4 \times 10^{-8} \times 9 \times 10^{5}}{2}$$

$$A = 18000 \text{ Watt oder 18 Kilowatt.}$$

Dies würde dem Schwingungskreis einer recht kräftigen
Station entsprechen. Im allgemeinen liegen die Wattbeträge
zwischen 0,5 Kilowatt für kleine Luftschiffstationen und über
100 Kilowatt für „Grossstationen".

Um auch die richtige Anschauung von dem Entladungs-
vorgang zu geben, ist in Abbildung 60 die Stromkurve gezeich-

net worden. Die Begrenzungskurve der Amplituden konstruiert man am besten mit Hilfe des Diagrammes Abb. 61. Man ersieht dort, dass zu einen Dekrement $b = 0,628$ ein Verhältnis aufeinanderfolgender Schwingungsamplituden von 0,535 gehört. Von der Anfangsamplitude an kann man also jede folgende durch Multiplikation mit 0,535 finden.

In der Tat sind nach etwa 8 Perioden die Schwingungen verklungen. Da nur alle 0,001 Sekunde der Kondensator neu

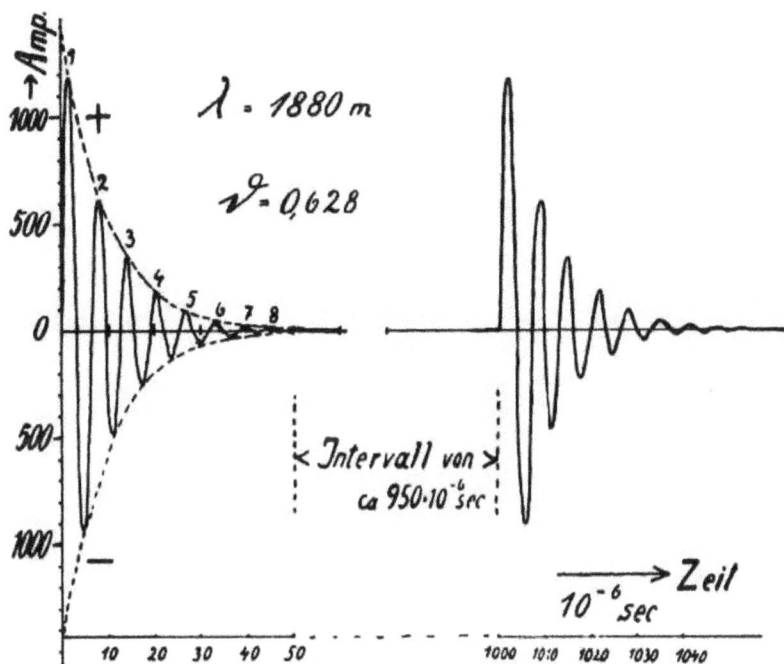

Abb. 60. Graphische Darstellung des Schwingungsbeispieles.

aufgeladen sein soll, liegt also zwischen den Schwingungsserien, die ungefähr je eine 50 Milliontel Sekunde dauern, ein fast 20fach grösserer Zeitraum. Die Sekunde ist für derart kurze Vorgänge eine äusserst grosse Zeiteinheit.

Die in dem Schwingungskreis fliessenden Ströme haben zwar zeitlich sehr verschiedene Richtung und Stärke. In einem bestimmten Zeitmoment ist aber die Stromstärke an allen Punkten des Leitungsweges praktisch die gleiche; man nennt

deshalb einen derartigen Stromkreis quasistationär. Nur
wenn die Leitungen der Strombahn sehr ausgedehnt
sind, wenn beispielsweise in dem besprochenen Fall die Strombahn eine Länge von etwa 1000 Meter hätte, könnte kein
quasistationärer Kreis vorliegen. Die Elektrizität durchfliesst den Leiter mit Lichtgeschwindigkeit. In der zum Durch-
fliessen dieser Strecke erforderlichen Zeit ändert der Strom erheblich seine Stärke. Entfernte Stellen des Stromweges müssen

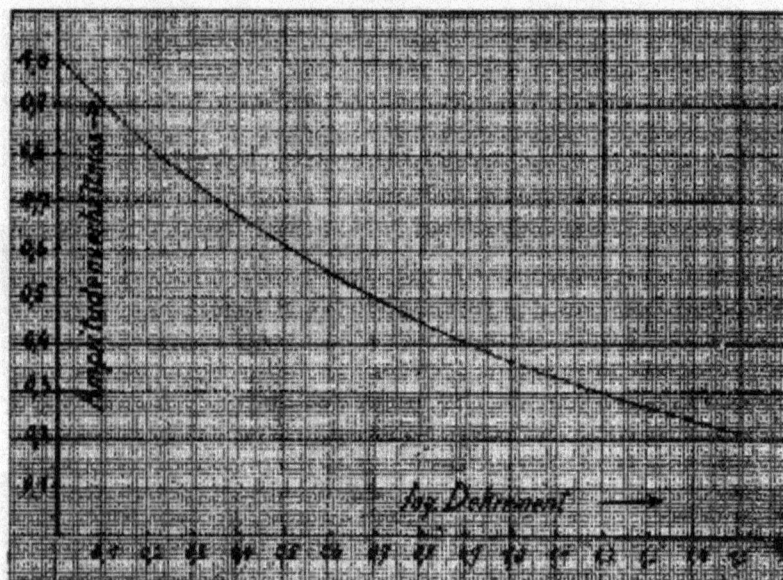

Abb. 61. Dämpfungskurve.

demnach gleichzeitig von Strömen verschiedener Stärke durchflossen sein. Die geschlossenen Schwingungskreise der Radiotelegraphie sind praktisch stets quasistationär.

Gerade so wie die Stromkurve (Abb. 60) kann man auch
die Spannungskurve entwerfen. Sie verläuft vollkommen analog,
nur wegen des auf Seite 57 angeführten um 90⁰ in der Phase
gegen den Strom verschoben.

Funkenstrecke. Eine sehr bedeutsame Rolle im Schwingungskreis spielt die Funkenstrecke. Bedeutsam weniger

wegen ihres Einflusses auf den Verlauf der Schwingung, als vielmehr auf das Zustandekommen der Schwingung. Wenn der Kondensator (Abb. 57) einigermassen geladen ist, so würde auch eine Schwingungsserie auftreten, wenn man die Funkenstrecke F auf einige Zeit mit einem Kupferbügel überbrückt. Aber während jeder Neuaufladung des Kondensators müsste man den Kupferbügel entfernen, da sonst die Belegungen direkt verbunden wären. Dieses abwechselnde Schliessen und Öffnen des Kreises besorgt die Funkenstrecke automatisch: als Mechanismus dient ihr dabei ihr sehr veränderlicher Widerstand. Dieser Widerstand ist praktisch unendlich gross, während der Kondensator aufgeladen wird und äussert klein, wenn das Gas bei Eintritt der disruptiven Entladung ionisiert ist. Aus dem Elektrodenmetall und verbunden mit ihm treten die Elektronen in den Gasraum hinein, ionisieren

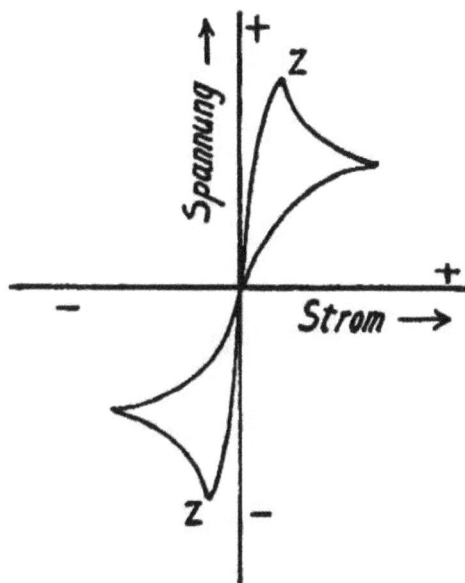

Abb. 62. Lichtbogenhysteresis.

durch Ionenstoss auch die Gasmoleküle und erzeugen für eine gewisse Zeit hohe Leitfähigkeit.

Diese Leitfähigkeit verschwindet nach dem Passieren des Stromes nicht momentan und wird auch nicht momentan erzeugt. Man bezeichnet das so gegebene Nachhinken als die Lichtbogenhysterisis. Wenn man, während eine Gasstrecke von Wechselstrom durchflossen wird, gleichzeitig die zwischen den Elektroden herrschende Spannungsdifferenz und den Strom registriert, so erhält man eine Kurve nach Abbildung 62. Es ist eine sogenannte Flammenbogencharakteristik, die deutlich die Analogie zwischen der magnetischen Hysterisis und der Lichtbogenhysterisis zeigt. Zunächst ist immer eine relativ grosse Spannung zum Durchschlagen erforderlich. Diese Zündspannung wird durch den Zündgipfel Z der Kurve angegeben. Bei wachsendem Strom genügt eine geringere Spannung, den Stromdurchgang zu erhalten, ebenso bei Stromabnahme, da die Gasstrecke noch ionisiert ist. Simon hat diese Flammenbogencharakteristiken sehr eingehend untersucht und den Einfluss festgestellt, den das Material und die Temperatur der Elektroden sowie die Natur des Gases zwischen den Elektroden auf den Elektrizitätsdurchgang besitzen.

Flammenbogen und Funkenbahn sind eng verwandte Erscheinungen. Von einer Funkenbahn redet man in der Hochfrequenztechnik dann, wenn der durchschlagene Gasraum Zeit findet, sich ganz zu entionisieren — wieder nichtleitend zu werden — ehe die neue Kondensatorladung beginnt. Der Flammenbogen dagegen bleibt stets mehr

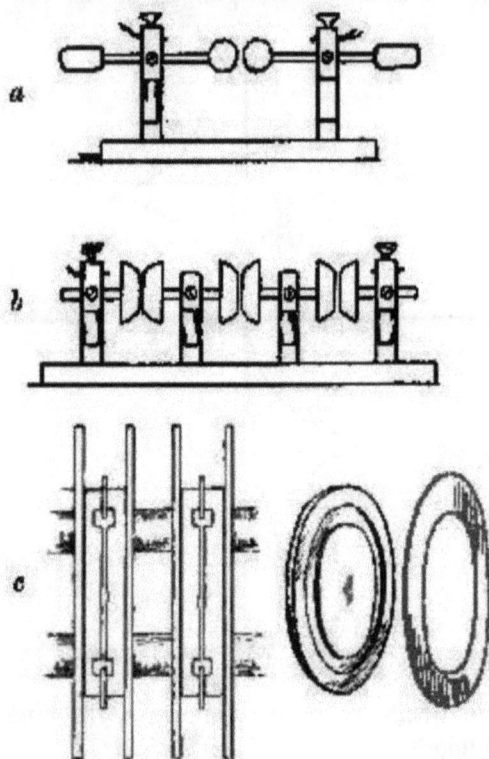

Abb. 63. a Einfache Funkenstrecke, b Pilzserienfunkenstrecke, c Löschfunkenstrecke.

oder weniger ionisiert. Jeden Funken kann man zu einem Flammenbogen machen, wenn man den Kondensator so rasch nachlädt, dass die Funkenstrecke keine Zeit findet, nichtleitend zu werden.

Eine gewöhnliche Funkenstrecke aus Zinkkugeln (Abb. 63a), mit der man kräftige Schwingungsserien erzeugen will, verträgt höchstens pro Sekunde 20 bis 30 Übergänge gedämpfter Funkenserien, sonst bleibt der Gasraum leitend und es bildet sich ein Flammenbogen.

Durch Unterteilung der Funkenbahn in Serienfunkenstrecken (Abb. 63 b), Kühlung der Elektroden usf. kann man, wenn dem Schwingungskreis die Energie jeweils rasch genug entzogen wird, auch mehrere tausend Funkenserien pro Sekunde übergehen lassen ohne Flammenbogenbildung befürchten zu müssen. Von dieser Tatsache macht die Telefunkengesellschaft in ihren Löschfunkenstrecken (Abb. 63 c) zweckmässig Gebrauch. Zwischen die gegen Gleitfunkenbildung mit Rillen versehenen versilberten Kupferelektroden sind hier Glimmerringe von je 0,2 mm Stärke eingefügt.

Auch geeignet hergestellte Flammenbögen mit möglichst geringer Hysteresis können wegen ihres veränderlichen Widerstandes zur Erzeugung von Hochfrequenzströmen benutzt werden. Dadurch, dass hier die Flammenbogenstrecke für jede Einzelschwingung etwa dasselbe bedeutet, wie die Funkenstrecke für die Funkenserie, ist es möglich, eine kontinuierliche Folge gleichartiger Schwingungen, sogenannte ungedämpfte Schwingungen herzustellen (Poulson). Diese „Lampen" werden im allgemeinen mit hochgespanntem Gleichstrom betrieben.

Nach dieser Besprechung der die Hochfrequenzströme auslösenden Funkenstrecke muss im folgenden das wesentliche über Widerstand, Kapazität und Selbstinduktion im Hochfrequenzkreis mitgeteilt werden.

Widerstand. Der Ohmsche Widerstand eines Leiters für Gleichstrom und technischen Wechselstrom ist unter Umständen erheblich verschieden von dem Ohmschen Widerstand für Hochfrequenzstrom. Bei Gleichstrom ist der gesamte Querschnitt der Leitungsbahn gleichmässig erfüllt von den Stromfäden. Bei Hochfrequenzströmen kann das nicht mehr der Fall sein. Beim Anwachsen des Stromes würde der hohen Induktionswirkungen (Seite 78) wegen jeder Stromfaden auf die benachbarten so einwirken, dass dort eine entgegengesetzt gerichtete EMK induziert, die Stromstärke also vermindert werden müsste. Im Innern der Leitungsbahn sind alle Stromfäden von hemmenden anderen Stromfäden allseitig umgeben. Die Strömung findet deshalb ausschliesslich in der äussersten Oberflächenschicht statt, da die hier verlaufenden Stromfäden wenigstens einseitig keinen hemmenden Wirkungen unterliegen. Man nennt diese Erscheinung, die sich um so intensiver bemerkbar macht, je höher die Frequenz des Stromes ist, den Hauteffekt oder den Skineffekt.

Für Kupferdrähte von einem Durchmesser von r cm berechnet sich der Widerstand bei Hochfrequenz W aus dem Gleichstromwiderstand W_0 nach der Formel

$$W = W_0 \, \frac{\pi \, r}{80} \sqrt{\frac{1}{T}} \quad \ldots \ldots \; 51)$$

Namentlich für dicke Drähte, deren Ohmscher Widerstand bei Gleichstrom oder Wechselstrom verschwindend klein ist, kann der Widerstandswert für Hochfrequenzstrom erheblich grösser werden. Während er bei Gleichstrom mit dem Querschnitt des Drahtes abnimmt, sinkt er hier mit dem Umfang.

Die Praxis findet sich mit dieser Tatsache auf verschiedene Art ab. Man benutzt, um Kupfer zu sparen und das Gewicht zu verringern, als Hochfrequenzleiter Kupferröhren, man versilbert Kupferdrähte an der Oberfläche elektrolytisch und nutzt so ohne grossen Kostenaufwand die höhere elektrische Leitfähigkeit des Silbers aus, man verwendet flache Metallstreifen und biegsame Lamettabänder, bei denen die Oberfläche im Verhältnis zum Gewicht sehr gross ist.

Den Bedingungen der Hochfrequenztechnik am besten angepasst sind die unterlitzten Drähte der Telefunkengesellschaft (Dolezalek). Bei diesen sind eine grosse Zahl, bis zu mehreren Tausend, äusserst dünner durch Emailleüberzug voneinander isolierter Kupferdrähte nach einem Spezialverfahren so verlitzt, dass jeder einzelne der Drähte aus dem Innern der Litze immer in gewissen Abständen an die Oberfläche tritt. Durch diesen Kunstgriff werden alle Leiter, deren Gesamtoberfläche sehr gross ist, gleichmässig zur Stromführung herangezogen.

Ausser dem Ohmschen Widerstand in der metallischen
Leitungsbahn hat man in Erregerkreisen den Ohmschen
Widerstand der Funkenstrecke zu berücksichtigen. Da dieser
Widerstand nicht konstant ist, so bewirkt er nach Formel 45)
verschiedene Dämpfungsdekremente zu den verschiedenen Zeit-
punkten des Schwingungsverlaufes. Die Schwingung klingt nicht
mehr streng nach einem Exponentialgesetz, sondern rascher ab.
Wenn man auch hier von einem logarithmischen Dekrement
der betreffenden Schwingung redet, so hat man darunter
einen Mittelwert, wie er sich bei der Messung ergibt, zu
verstehen.

Je grösser der Ohmsche Widerstand des Stromkreises ist,
um so grösser ist die Dämpfung der Schwingung. Den gleichen
Einfluss, die Dämpfung zu erhöhen, besitzen auch alle anderen
Ursachen, welche dem Kreise Energie entziehen. So treten an
den Rändern der Kondensatorbelegungen leicht stille Entladungen
auf, wenn die Spannungsamplituden zu gross sind. Oft auch
erhält man unbeabsichtigte Induktionswirkungen auf benachbarte
Leiter. Der Betrag an Energie, der in diesen Wirbelströme
und damit Erwärmung erzeugt, wird dem Schwingungskreis
entzogen. Bei der Aufstellung drahtlostelegraphischer Anordnungen muss man gerade hierauf besonders Rücksicht nehmen
und streng vermeiden, dass irgendwie grössere Metallmassen im
Bereich der auftretenden Magnetfelder vorhanden sind. Andererseits liegt häufig der Fall so, dass die Energie eines Schwingungskreises einem anderen schwingungsfähigen System durch Koppelung absichtlich mitgeteilt wird.

In allen diesen Fällen wirkt die Energieentziehung
dämpfend, und das beobachtete Gesamtdekrement b lässt
sich auffassen als eine Summe von Einzeldekrementen, die auf
den Ohmschen Widerstand der Leitungsbahn, den der Funkenstrecke, die Ausstrahlung von Energie usf. zurückgehen. Da
für das Ergebnis die anderen Energieverluste in der gleichen
Art massgebend sind wie der Ohmsche Widerstand, so kann
man ihren Einfluss auch zahlenmässig durch eine Angabe in
Ohm ausdrücken. Hiervon macht man namentlich bei strahlenden Systemen oft Gebrauch.

Kapazität. Der Betrag der Kapazität eines Kondensators in einem Schwingungskreis ist wesentlich als Faktor für die Eigenschwingungsdauer des Kreises. In der bisherigen Darstellung wurde als Kapazitätseinheit stets die technische Einheit, das Farad benutzt und die statische Einheit, das Centimeter nur erwähnt (Seite 14). Ausser diesen beiden Einheiten gibt es noch als Unterabteilung des Farad das Mikrofarad, welches 10^{-6} Farad repräsentiert sowie die Zentimeter-Gramm-Sekunde-Einheit des elektromagnetischen Systemes. Alle Einheiten des elektromagnetischen Systemes, welches die Erscheinungen der mit Lichtgeschwindigkeit in den Leitern fliessenden Elektrizität behandelt, folgen aus den Einheiten des elektrostatischen Systemes — des Systems der ruhenden Elektrizität — bekanntlich durch Multiplikation resp. Division mit der Lichtgeschwindigkeit oder durch Multiplikation resp. Division mit Potenzen oder Wurzeln aus der Lichtsgeschwindigkeit. Die elektromagnetische CGS-Einheit erhält man aus dem „cm" durch Multiplikation mit dem Quadrat der Lichtgeschwindigkeit 9×10^{20} cm/sek. Da in der Literatur und gelegentlich in der Praxis alle vier Benennungen vorkommen, dürfte die folgende Tabelle 1 bequem sein.

Tabelle 1.

	cm	Mikrofarad	Farad	Elektromagn. CGS
cm	1	$1,11 \times 10^{-6}$	$1,11 \times 10^{-12}$	$1,11 \times 10^{-21}$
Mikrofarad . .	9×10^5	1	1×10^{-6}	1×10^{-15}
Farad	9×10^{11}	1×10^6	1	1×10^{-9}
Elektromagn. CGS	9×10^{20}	1×10^{15}	1×10^9	1

In den Sendeanordnungen kommt es, je nach der verwendeten Spannung darauf an, Kondensatoren von grosser Durchschlagsfestigkeit zu haben. Als dielektrische Zwischenschicht wird meist ein Spezialglas von geringer elektrischer Nachwirkung benutzt. Das Dielektrikum des Kondensators zeigt

bei einer raschen Umpolarisation ganz ähnliche Nachwirkungs-
erscheinungen, wie das Eisen bei der magnetischen Umpolarisation. Man spricht deshalb auch von der dielektrischen
Hysteresis. Bei den neuen Sendeanordnungen des Telefunken-
systemes werden auch Kondensatoren mit Zwischenschichten
aus paraffiniertem Papier verwendet. Es muss aber dann wegen
der kleineren Durchschlagsfestigkeit, die sogenannte Kaskaden-
schaltung eingeführt werden. Durch Serienschaltung zweier
gleichen Kondensatoren erhält man zwischen den Belegungen
eines Kondensators nur je den halben Spannungsabfall. Gleichzeitig sinkt allerdings auch nach Seite 56 der Kapazitätswert
auf die Hälfte. Um wieder den Betrag C zu erhalten, muss
man zwei entsprechend in Serie geschaltete Kondensatoren
parallel legen. Abbildung 64 zeigt, wie man durch entsprechende

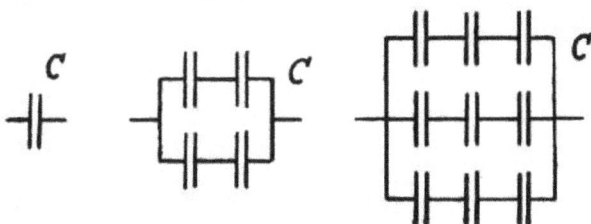

Abb. 64. Schaltung von Kondensatoren.

Schaltung gleicher Kondensatoren immer wieder den alten Kapazitätswert C erhält, wobei aber das Dielektrikum nur auf $^1/_2$, $^1/_8$
usf. hinsichtlich der Gesamtspannung beansprucht wird.

Neben Kondensatoren mit unveränderlichem Kapazitätswert,
wie den Leydener Flaschen und den in Kästen eingebauten
Papierkondensatoren (Abb. 65 a, b u. c) verwendet man namentlich in Mess- und Empfangskreisen auch variable Kondensatoren. Abbildung 66 a lässt das Prinzip dieser Kondensatoren
erkennen. Zwischen ein System fester halbkreisförmiger Platten A,
welche die eine Belegung des Kondensators vorstellen, kann
eine zweite auf einer gemeinsamen Drehachse befestigte Platten-
serie B um mehr oder weniger grosse Winkelbeträge hineingedreht werden. Der Kapazitätswert des Kondensators, der von
dem Betrag der sich gegenüberstehenden Oberflächen der Elek-

troden abhängt, ist am grössten, wenn das bewegliche System ganz in das feste hineingedreht ist und am kleinsten, wenn es sich

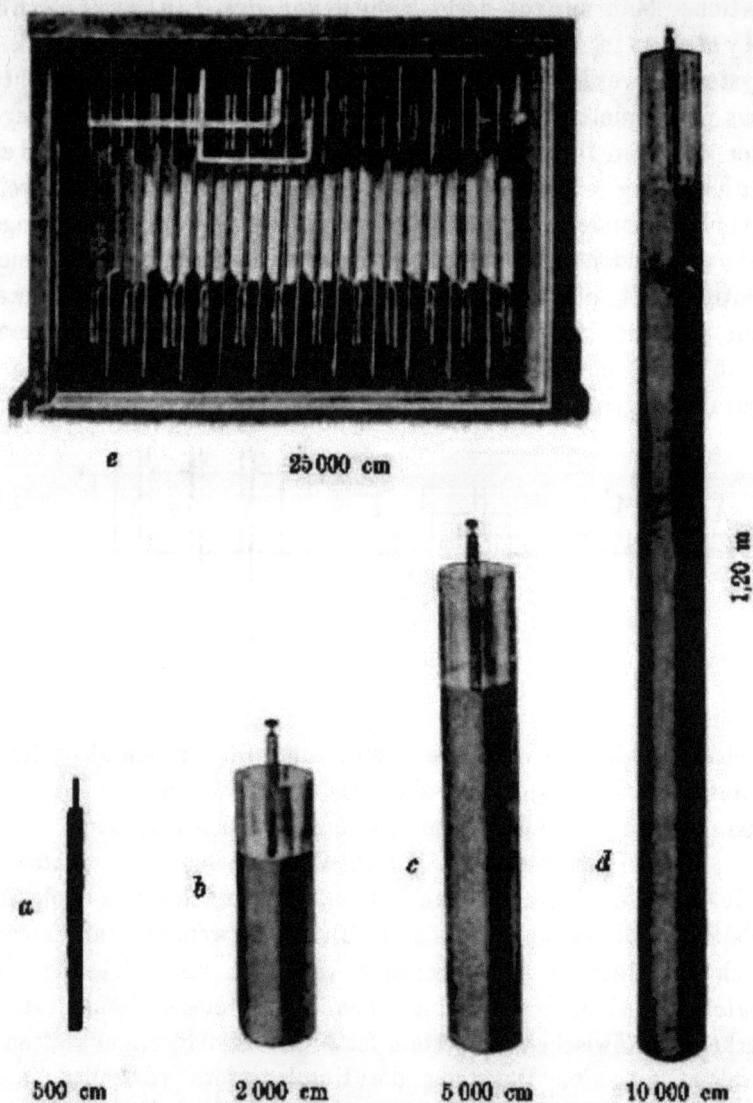

e   25000 cm

1,20 m

a   b   c   d

500 cm   2000 cm   5000 cm   10000 cm

Abb. 65. Leydener Flaschen und Papierkondensator.

ganz ausserhalb befindet. An einem über einer Skala von 180° mitbewegten Zeiger kann man den Drehwinkel ablesen. Die übliche Type dieses Drehplattenkondensators gestattet die Kapazität zwischen 200 und 2000 cm zu variieren. Wird der Zwischenraum der Platten (Abb. 66 b) mit Paraffinöl gefüllt, so erhöhen sich alle Werte um das 2,7-fache (Seite 16). Gleichzeitig wird die Durchschlagsfestigkeit wesentlich erhöht. Luft hat den Vorteil, keinerlei dielektrische Hysteresis zu besitzen.

Durch sehr präzise Ausführung der Belegungssysteme (Boas) und Ausnutzung aller 360° mit verschieden geschalteten halbkreisförmigen Segmenten (Huth) werden neuerdings die äusseren Abmessungen und, was für den Luftschiffer wichtiger ist,

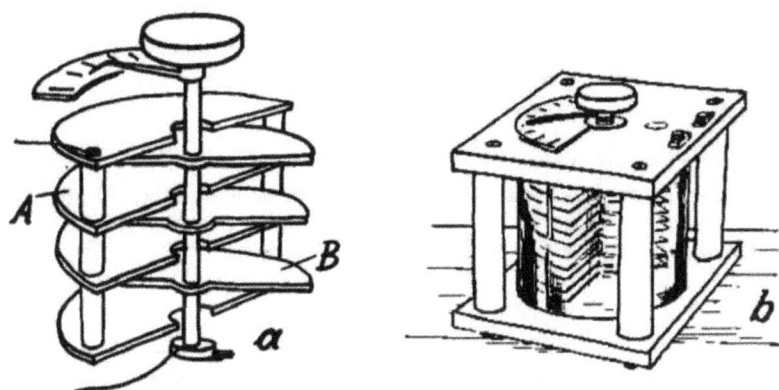

Abb. 66. Drehkondensator.

auch die Gewichte der variabelen Kondensatoren stark herabgesetzt.

Selbstinduktion. Die Selbstinduktionsspulen der Hochfrequenzkreise bestehen im allgemeinen aus einer sehr geringen Anzahl von Leiterwindungen ohne Eisenkern (Seite 61). Man gibt ihren Selbstinduktionsbetrag nicht nur in der technischen Einheit in Henry, sondern auch in der elektromagnetischen CGS-Einheit an, welche gleichfalls ihrer Dimension wegen Zentimeter „cm" genannt wird. Entsprechend der Tabelle 1 für Kapazitäten kann man aus Tabelle 2 den Umrechnungsfaktor für die Selbstinduktionseinheiten entnehmen.

Tabelle 2.

	cm	Henry
cm	1	1×10^{-9}
Henry	1×10^{9}	1

Man kann die Schwingungszahl und Wellenlänge eines Kreises auch richtig erhalten, wenn man in der Thomsonschen Gleichung die Kapazität und Selbstinduktion nicht in Farad und Henry, sondern b e i d e durch die elektromagnetische CGS-Einheit ausdrückt. Ist die Kapazität in cm s t a t i s c h e Einheiten, die Selbstinduktion in cm e l e k t r o m a g n e t i s c h e Einheiten gegeben, so kann man, wenn nach der W e l l e n l ä n g e λ gefragt ist, mit Vorteil die Formel

$$\lambda = 2\pi \sqrt{L_{cm} C_{cm}} \text{ cm oder} = 2\pi \sqrt{L_{cm} C_{cm}} \times 10^{-2} \text{ m} \quad . \quad 52)$$

anwenden, die aus der Formel 50 unmittelbar folgt, denn sie

ist identisch mit $\lambda = 2\pi c \sqrt{L_{Henry} \times 10^{-9} \times \dfrac{C_{Farad}}{c^2} \times 10^{9}}$ cm.

Die Lichtgeschwindigkeit hebt sich heraus.

Den Selbstinduktionskoeffizienten sehr einfacher Leiteranordnungen kann man b e r e c h n e n. Hier sei nur die Formel für den Selbstinduktionskoeffizienten eines Solenoides von e i n e r Wicklungslage gegeben (Abb. 67).

$$L = 4\pi^2 N^2 \frac{r^2}{l} \times 10^{-9} \text{ Henry} \quad . \quad . \quad . \quad 53)$$

l bedeutet hierin die Länge, r den Radius der Spule und N die Anzahl der Windungen.

Es sei gegeben eine Spule von 10 cm Radius, 15 Windungen und 36 cm Länge. Ihr Selbstinduktionskoeffizient berechnet sich nach Formel 53) zu

$$\frac{40 \times 225 \times 100}{36}$$

$$L = 25000 \text{ cm oder } 25 \times 10^{-6} \text{ Henry.}$$

Es handelt sich um die dem Beispiel von Seite 76 zugrunde liegende Spule.

Für die Konstruktion von Selbstinduktionsspulen gilt das, was früher über den Widerstand der Leiter bei Hochfrequenz gesagt wurde. Man verwendet Leiter mit grosser Oberfläche, die so angeordnet sind, dass Wirbelströme möglichst vermieden werden. Meist richtet man die Selbstinduktionsspulen variabel ein. Abb. 68 a und 68 b zeigen durch Stöpselung oder Gleit-kontakt unterteilbare Spulen in Solenoidform. Sehr zweckmässig der geringen Verluste wegen sind Flachspulen (Abb. 68 c) aus streifenförmigen Leitern oder Litze. Während man bei Variation dieser Selbstinduktionen die Länge der eingeschalteten Leiter ändert, sind

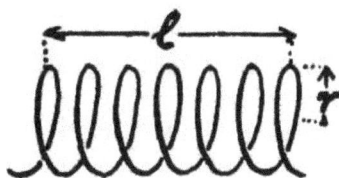

Abb. 67. Einlagige Spule.

in Abb. 68 d u. e zwei Anordnungen skizziert, mit denen man durch gegenseitiges Verstellen der Windungsebenen von Spulen L variieren kann. In der Praxis werden derartige variabele Selbstinduktionen, die zum Einstellen der Wellenlänge dienen, als Variometer bezeichnet. Die in Abbildung 68 e dargestellte Anordnung besteht aus einer festen und aus einer drehbaren

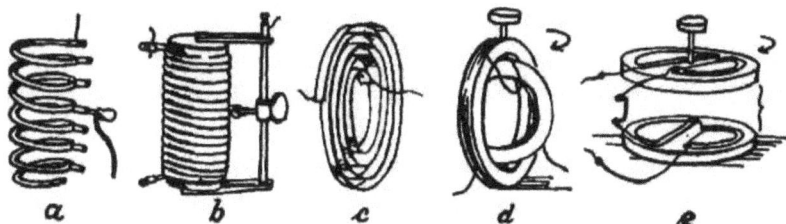

Abb. 68. Selbstinduktionsanordnungen.

kreisrunden Platte. In beide sind Windungen eingelegt, die durch einen Umschalter entweder in Reihe oder parallel geschaltet wer-den können. Stehen die Scheiben so, dass die Felder der vier Spulen sich addieren, so ist dies die Einstellung auf höchste Selbstinduktion, wenn dagegen die Felder entgegengesetzt sind, hat man nach Seite 62 die niedrigste Induktion. Die kontinuier-lich verlaufenden Zwischenstellungen ergeben die Zwischenwerte. Ein solches sog. Rhendalsches Variometer von Telefunken

verändert bei einer ganzen Umdrehung von 360° und ein-
maliger Umschaltung der Wickelung von Parallel- auf Serienschaltung seine Selbstinduktion von 1 bis 16; bei konstanter
Primärkapazität die Wellenlänge des Kreises, in dem es sich
befindet, nach Formel 50) also im Verhältnis 1 zu 4.

Zu dem Selbstinduktionsbetrag der Spulen oder Variometer
kommt stets der der gesamten Strombahn und der Zuleitungen
hinzu. Will man die undefinierte Selbstinduktion der Anordnung möglichst klein halten, so empfiehlt es sich, alle Hin- und
Rückleitungen eng parallel nebeneinander zu verlegen. Der
hierbei durch Kapazitätserhöhung auftretende Fehler ist meist

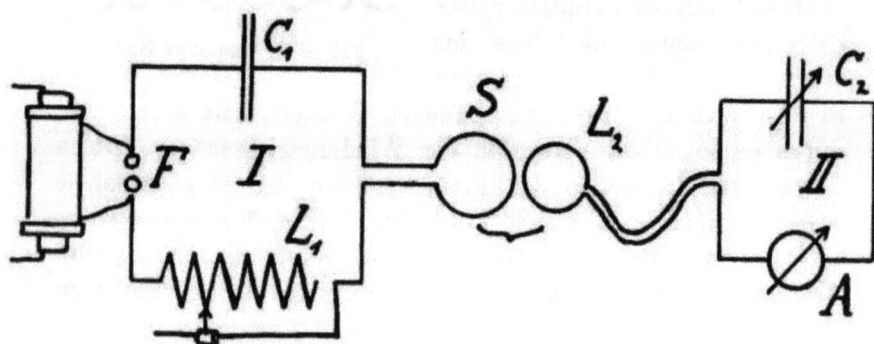

Abb. 69. Primärkreis und Messkreis.

kleiner als die andernfalls durch Selbstinduktionsvergrösserung
bedingte Unsicherheit.

Wenn man einen Schwingungskreis bestimmter Wellenlänge
herstellen will, so hat man die Wahl von Kapazität oder Selbstinduktion zunächst beliebig in der Hand. Da das P r o d u k t
aus Kapazität C und Selbstinduktion L für die Wellenlänge λ
massgebend ist, erhält man dasselbe Ergebnis beispielsweise für
grosses C und kleines L wie für kleines C und grosses L.

R e s o n a n z. Es soll jetzt angenommen werden, dass ein
geschlossener Schwingungskreis I zum Schwingen erregt wird
und dadurch auf einen zweiten geschlossenen Kreis II induzierend
wirken kann.

Der Kreis I (Abb. 69) bestehe aus einigen Leydener Flaschen
C_1, die mit einer variabelen Selbstinduktionsspule L_1 und einer

Funkenstrecke F in Serie geschaltet sind. Die Aufladung der Kapazität werde beispielsweise durch ein Induktorium bewirkt. Eine Windung S der Selbstinduktionsspule ist durch engparallele Zuleitungen etwas abseits verlegt und dient zur Induktion, auf Kreis II.

Der Kreis II enthalte keine Funkenstrecke, sondern an deren Stelle ein Hitzdrahtampèremeter A. Die Kapazität C_2 sei variabel und die Zuleitung zu der Selbstinduktionsspule L_2 so eingerichtet, dass man diese dem Kreis I mehr oder weniger nähern kann.

Im Gegensatz zum Kreis I, der auch als Primärkreis oder Oszillator bezeichnet wird, heisst dieser Kreis Sekundärkreis oder Resonator.

Bringt man jetzt, während Kreis I schwingt, die Spule L irgendwie in das magnetische Wechselfeld des Kreises I, so werden in Kreis II Induktionsströme erregt. Die Induktionsströme in Kreis II werden im allgemeinen recht schwach ausfallen. Wenn man aber den Kondensator C kontinuierlich verstellt und damit die Eigenschwingungsdauer des Sekundärsystems ändert, so wird in einem gewissen Stellungsbereich erst eine kräftige Zunahme, dann eine Abnahme des Ampèremeter-Ausschlages zu bemerken sein. Das Maximum des Ausschlages tritt ein, wenn die Eigenschwingungsdauer des Sekundärkreises auf denselben Wert abgeglichen ist wie die Eigenschwingungsdauer des Primärkreises, wenn also — nach den auf Seite 67 angeführten Resonanz vorhanden ist. Da in diesem Falle

$$T_1 = 2\pi \sqrt{L_1 C_1} = T_2 = 2\pi \sqrt{L_2 C_2}$$

sein muss, ist die Bedingung für das Auftreten der Resonanz

$$L_1 C_1 = L_2 C_2 \dots \dots \dots 54)$$

Stehen Kapazität und Selbstinduktion des einen Kreises mit Kapazität und Selbsttinduktion des andern Kreises in dieser Beziehung, die neben der Thomson'schen Formel die wichtigste der ganzen Hochfrequenztechnik vorstellt, so ist die Resonanzbedingung erfüllt. Der Sekundärkreis ist dann elektrisch abgestimmt auf den Primärkreis. Jeder neue Impuls trifft das Sekundärsystem so, dass die eingeleiteten Schwingungen

verstärkt werden, also maximale Strom- und Spannungserschei-
nungen auftreten.

Koppelung. Die Verknüpfung, oder wie man es allgemein nennt, die Koppelung zwischen einem Primärsystem
und einem Sekundärsystem kann sowohl der Art als dem Grade
nach verschieden sein.

Was zunächst die Art des Koppelungsmechanismus betrifft, so hat man in der Praxis zwei Fälle zu unterscheiden,
die induktive Koppelung und die galvanische Koppelung.

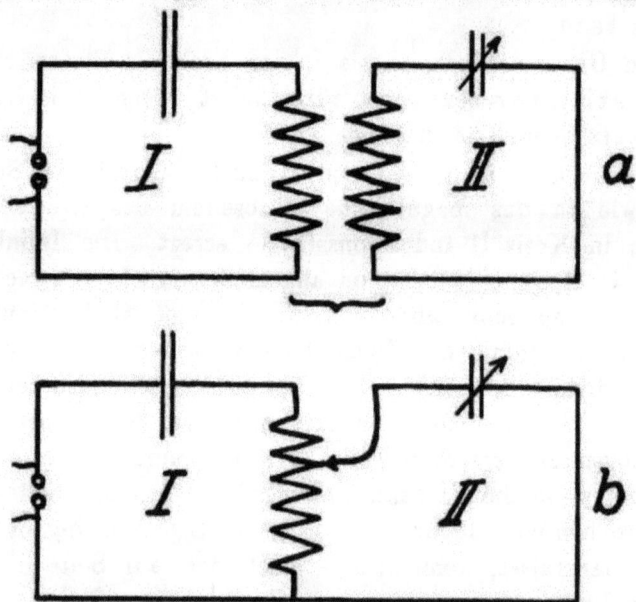

Abb. 70. Variabele induktive und direkte Koppelung.

Die induktive oder auch magnetische Koppelung
wurde bereits dem Experiment des vorigen Abschnittes zugrunde
gelegt. Ihr Kennzeichen ist, dass die magnetischen Kraftlinien des Primärsystems mit der Leitungsbahn des Sekundärsystems zum Schnitt kommen und es so zum Mitschwingen erregen. Die induktive Koppelung wird symbolisch immer wie
in Abbildung 70a dargestellt. Werden zur Koppelung besondere
Schleifen in den Kreis gelegt, so nennt man sie Koppelungsspulen (Abb. 69).

Bei der galvanischen oder auch direkten Koppelung (Abb. 70b) besitzen der Sekundärkreis und Primärkreis ein Stück der Strombahn gemeinsam. Fast stets ist aber mit dieser galvanischen Koppelung — beabsichtigt oder unbeabsichtigt — die induktive Koppelung verbunden.

Ausser diesen beiden existiert noch eine dritte Möglichkeit der Koppelung und zwar durch die elektrischen Kraftlinien. Sie spielt in den gegenwärtigen Anordnungen der drahtlosen Telegraphie keine Rolle.

Für die durch die Koppelung geschaffenen Verhältnisse ist der Grad der Koppelung weit wichtiger als die Art der Koppelung. Um die bei der drahtlosen Telegraphie in Frage kommenden Spezialfälle zu diskutieren, kann von der Wiedergabe der allgemeineren theoretischen Ableitung der Koppelung zweier schwingungsfähiger Systeme Abstand genommen werden. Diese ist erstmals von Bjerkness gegeben worden, setzt aber einen umfangreichen mathematischen Apparat voraus. Die nach Formel 35) in dem Primärkreis fliessenden Ströme erzeugen in einem selbst schwingungsfähigen Sekundärkreis einen je nach den Umständen recht komplizierten Stromverlauf. Die für die Messungen erforderlichen quantitativen Beziehungen werden also wieder einfach als Resultate mitgeteilt werden.

Bei jeder Art der Koppelung ruft jedenfalls das schwingende Primärsystem im Sekundärsystem in gewissem Rhythmus elektromotorische Kräfte hervor; stärkere, wenn die Schwingung in ihm frisch eingesetzt hat, schwächere, wenn die Schwingung im Abklingen ist.

Im Sekundärsystem müssen also erstens erzwungene Schwingungen auftreten, die in hohem Grade vom Charakter der primären Schwingungen abhängen.

Zweitens aber müssen in dem Sekundärsystem, da bei der Erregung sein elektrisches Gleichgewicht gestört wird, Eigenschwingungen entstehen und dann ausklingen.

Lose Koppelung. Es möge jetzt zunächst vorausgesetzt werden, dass die Energie der im Sekundärsystem auftretenden Schwingungen im Verhältnis zu der im Primärsystem klein sei. In diesem Falle wird man dem Primärsystem kaum anmerken können, dass es etwas Energie an das Sekundärsystem abgegeben hat. Vor allen Dingen werden die im Sekundärsystem auftretenden Schwingungen zu schwach sein, als dass sie ihrerseits rückwärts auf das Primärsystem einwirken könnten. Wenn dieser Fall gegeben ist, bei dem praktisch keine Rückwirkung des Sekundärsystems auf das Primärsystem erfolgt, spricht man von loser Koppelung.

Die von einem in loser Koppelung erregten System aufgenommene Energie ist naturgemäss im Maximum, wenn das System in Resonanz ist mit dem Primärsystem. Aber auch gerade die Form der Abhängigkeit der sekundären Stromwerte von dem Grade der Abstimmung erweist sich als äusserst bedeutungsvoll für die Schwingungskonstanten beider Kreise. Sie

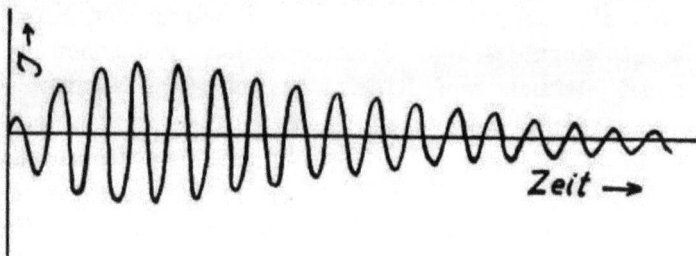

Abb. 71. Schwingung im Sekundärkreis.

bildet, graphisch dargestellt als Resonanzkurve, die Grundlage der später zu besprechenden Wellen- und Dämpfungsmessungen.

Besteht zwischen beiden Kreisen Resonanz, so gibt Skizze 71 die Merkmale der sekundären Schwingung wieder. Erzwungene Schwingung und Eigenschwingung addiert pendeln sich in die Höhe, dann nehmen die Amplituden ab mit einer Dämpfung, die abhängig ist von dem Dekrement der primären nnd sekundären Eigenschwingung. Für das entgültige Abklingen ist das kleinere Dämpfungsdekrement massgebend, gleichgültig ob es im Primär- oder im Sekundärkreis vorhanden ist.

Feste Koppelung. Ist die Anordnung der beiden Systeme so, dass Kreis II erhebliche Energiemengen aus Kreis I aufnehmen kann, so wird jetzt Kreis II selber eine Art Erreger

und kann auf Kreis I zurückwirken. Dies ist der Fall der
festen Koppelung.

Das Tatsachenmaterial bei fester Koppelung zwischen abgestimmten Kreisen — und nur das hat hier Interesse — liegt
folgendermassen: Kreis I schwingt und gibt nach und nach
alle seine Energie an Kreis II ab, um so schneller, je fester
die Koppelung ist. Kreis II nimmt, sich in die Höhe pendelnd,
die Energie auf und schwingt im Maximum, wenn Kreis I
gerade alle Energie verausgabt hat. Dann gibt Kreis II wieder
alle Energie an Kreis I zurück und so fort, bis durch die
verschiedenen Verluste das ganze Spiel schliesslich ausklingt.

Wie Skizze 72 zeigt, pendelt hier die Energie immer
zwischen dem Primärsystem und dem Sekundärsystem hin und

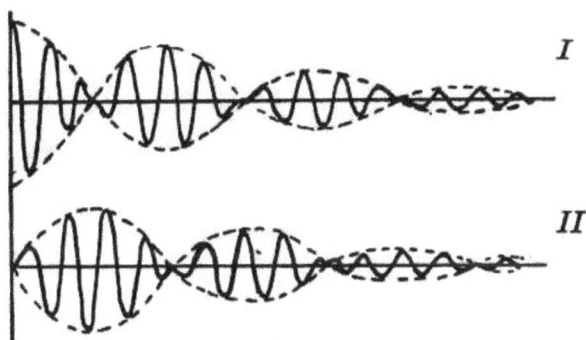

Abb. 72. Enggekoppelte Systeme.

her. Die Energie ändert ihren Sitz um so rascher, je fester
die Koppelung ist.

Bei gekoppelten mechanischen Systemen kann man
sich von dieser Energiependelung auf das einfachste überzeugen.
Man braucht nur (Oberbeck) über eine Gummischnur zwei
gleichlange Pendel zu hängen und das eine anzustossen. Nach
kurzer Zeit überträgt sich der Schwingungsrhythmus durch die
Gummischnur (Koppelung) auf das zweite Pendel. Da dies abgestimmt ist, kommt es in immer stärkeres Schwingen. In
demselben Masse nehmen aber — nach dem Energieprinzip —
die Schwingungen des ersten Pendels ab. Schliesslich kommt
das erste Pendel ganz zur Ruhe und Pendel II schwingt allein.

Nach diesem Zeitpunkt vertauschen die beiden Pendel ihre
Rollen, jetzt gibt Pendel II die Energie wieder an Pendel I zu-
rück. Das geht so fort, bis wegen der Energieverluste das
Ganze zur Ruhe kommt.

Das periodische Pendeln der Energie zwischen zwei elektrisch schwingungsfähigen gleichgestimmten Systemen hat eine
ganz eigenartige und höchst einschneidende Begleiterscheinung.

Ohne die Anwesenheit des Sekundärsystemes würde Kreis I
etwa geschwungen haben wie Skizze 73 a zeigt; bei fest gekoppelten Systemen schwingt er wie 73 b zeigt. Diese Schwingungskurve von 73 b ist die Kurve einer sogenannten Schwebung.
Man kann eine Schwebungskurve graphisch konstruieren, wenn

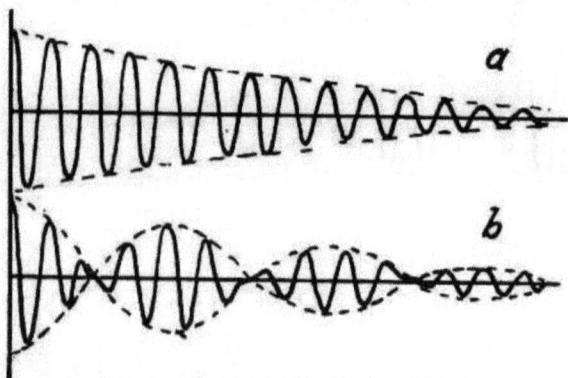

Abb. 73. Schwingungen im Primärkreis.

man zwei Schwingungen etwas verschiedener Schwingungszahl
addiert. In Skizze 74 sind zwei verschiedene dünn gezeichnete
Schwingungen angenommen, deren Resultierende dick einge-
tragen ist. Man erhält in der Tat eine Schwebungskurve, deren
Schwingungszahl symmetrisch z w i s c h e n den Schwingungszahlen der kürzeren und längeren Periode liegt. Die Schwebungen
folgen um so rascher aufeinander, je mehr die beiden Schwingungen
differieren.

Rückwärts m u s s man jede Schwebungskurve auffassen als
hervorgerufen von z w e i Schwingungen, von denen die eine
kürzer die andere länger ist als sie selbst. Das heisst aber
für unseren Fall:

Bei fester Koppelung treten sowohl im Primär-
als im Sekundärsystem je zwei Schwingungen auf.
Die eine dieser Schwingungen ist grösser, die
andere kleiner als die ursprüngliche Eigenperiode.
Die beiden Schwingungen weichen um so mehr von
der Eigenperiode ab, je fester die Koppelung ist.
Diese Tatsache ist, wenn man will, ein Schmerzenskind
der Hochfrequenztechnik. Man strebt nach sauberen Abstim-
mungen und Resonanzen und kann durch blosse Verengerung
der Koppelung an Stelle der ursprünglichen Grundperiode zwei
ganz verschiedene unerwünschte Schwingungszahlen erhalten.

Ein Weg, das störende Rückfluten der Energie. zu verhindern, könnte darin bestehen, den Primärkreis zu unter-

Abb. 74. Superposition zweier Schwingungen.

brechen, auszuschalten, sobald er seine Energie in enger Koppelung zum ersten Mal auf das Sekundärsystem übertragen hat.
Dann müsste der ganze Betrag der Energie im Sekundärkreis,
wohin er ja übertragen werden sollte, bleiben und dort einwellig
ausschwingen.

Dieser Weg ist in den Sendeanordnungen des neuen Tele-
funkensystemes tatsächlich beschritten (Wien). Der Fall liegt
dann so wie es Abbildung 75a und b zeigt. Das Primärsystem
gibt die Energie rasch ab; das Sekundärsystem schwingt mit
seiner Eigendämpfung aus. Das technische Hilfsmittel besteht
in der auf Seite 83 besprochenen Löschfunkenstrecke, die,
während die Energie auf das Sekundärsystem gewandert ist, so
hochgradig nichtleitend wird, dass der Primärkreis rückwandernde
Schwingungen nicht aufnehmen kann. Es bedarf der in einem
Zug ansteigenden Transformatorspannung, um die Primärkapa-

7*

zität für den Übergang einer neuen Funkenserie aufzuladen.
Man bezeichnet diese Art der Erregung gelegentlich auch als
Stosserregung.

Koppelungskoeffizient. Die Koppelung zweier Systeme
kann zwischen extrem lose und extrem fest, gleichgültig ob
induktive oder galvanische Koppelung vorliegt, die ganze Stufen-
leiter von Zwischenwerten umfassen. Die Definition der Stärke
der Koppelung, des Koppelgrades oder des Koppelungskoeffizienten, macht man sich am besten an zwei induktiv
gekoppelten Kreisen klar, wiewohl der hierbei folgende Ausdruck nicht unmittelbar für Messungen und Berechnungen bequem ist.

Bei der Schwingung in Kreis I entstehen eine gewisse
Anzahl von Kraftlinien. Je mehr von diesen Kraftlinien im

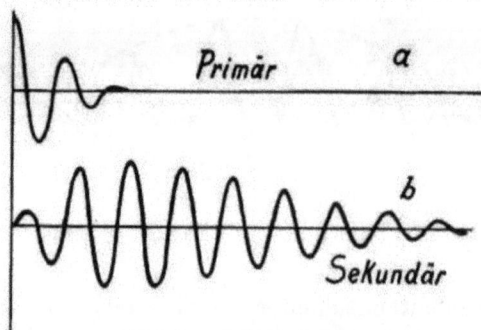

Abb. 75. Stosserregung.

Verhältnis zur gesamten Anzahl zum Schnitt mit Kreis II
kommen, um so fester ist die Koppelung. Man kann auch
sagen, je grösser die Induktion von Kreis I auf Kreis II, L_{12}
im Verhältnis zur Selbstinduktion L_1 ist, desto fester ist die
Koppelung.

Bei gekoppelten Kreisen liegen alle Verhältnisse symmetrisch
und so gilt gleichzeitig umgekehrt: Je grösser die Induktion
rückwärts von Kreis II auf Kreis I, L_{21} im Verhältnis zu L_1
ist, um so höher ist der Betrag der Koppelung.

Die gegenseitigen Induktionen L_{12} und L_{21} sind, da es sich
um dieselbe Anordnung handelt, von gleichem Betrag und der
Koppelungskoeffizient K ist definiert als:

$$K^2 = \sqrt{\frac{L_{12} \times L_{12}}{L_1 \times L_2}}$$

oder
$$K = \frac{L_{12}}{\sqrt{L_1 \times L_2}} \quad \ldots \ldots \quad 55)$$

Man erkennt hierbei, dass für den Betrag der Koppelung nicht nur die gegenseitige Lage der zwei Koppelungsspulen massgeblich ist, sondern dass beispielsweise die Koppelung auch dadurch gelockert werden kann, dass man in die beiden Kreise Selbstinduktion hinzuschaltet, die nicht zur Koppelung benutzt wird. Da sich L_{12} nicht bequem ermitteln lässt, ist die Formel 55) für die Praxis nicht sonderlich geeignet, sie lässt

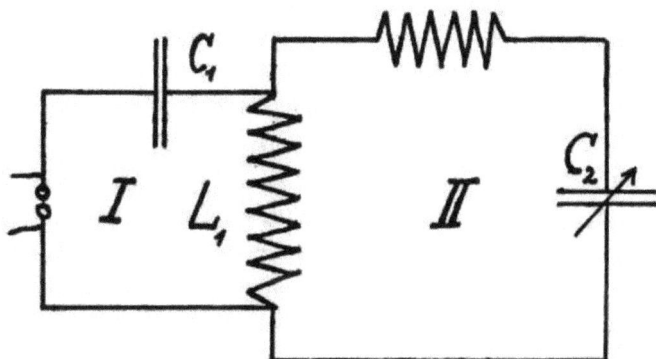

Abb. 76. Direkte Koppelung mit gesamter Primärselbstinduktion.

sich aber für einen bei Stationsmontagen vorliegenden Spezialfall einfach umformen.

Dieser Spezialfall ist gegeben, wenn bei galvanischer Koppelung zwischen zwei abgestimmten Systemen I und II Abb. 76 die gesamte Selbstinduktion des Kreises I zur Koppelung benutzt wird, also wenn man $L_1 = L_{12}$ setzen kann. Unter dieser Bedingung gilt die sehr bequeme und viel gebrauchte Formel:

$$K = \sqrt{\frac{C_2}{C_1}} \quad \ldots \ldots \quad 56)$$

Die Umformung aus Gleichung 55) erfolgt, wenn man dort für L_{12} den Bedingungswert L_1 einsetzt, denn es ist:

$$K = \frac{L_1}{\sqrt{L_1 \times L_2}} = \sqrt{\frac{L_1}{L_2}}.$$

Da ferner die Kreise abgestimmt sein sollen, gilt die Resonanzbedingung Formel 54) $L_1 \times C_1 = L_2 \times C_2$, hieraus ergibt sich die
Proportion:

$$\frac{L_1}{L_2} = \frac{C_2}{C_1}$$

oder, wenn man dies in den letzten Ausdruck für K einsetzt,
Formel 56). Hat beispielsweise C_1 den Wert 36000 cm, C_2 den
Wert 1440 cm so folgt für K:

$$K = \sqrt{\frac{1440}{36000}} = \sqrt{\frac{1}{25}} = \frac{1}{5} = 0{,}20.$$

Man gibt den Koppelungskoeffizienten stets in Prozenten an.
In diesem Falle würde also die relativ feste Koppelung von
20 % vorliegen.

Eine andere Form der Definition des Koppelgrades, die zu
demselben Zahlenwert führt und nur die Abstimmung beider
Kreise auf dieselbe Wellenlänge λ zur Bedingung hat, stützt
sich darauf, dass bei fester Koppelung zwei Wellen λ_1 und λ_2
auftreten, deren Längen um so mehr voneinander abweichen,
je fester die Koppelung ist. Unter diesem Gesichtspunkt
kann man mit für die Praxis hinreichender Genauigkeit auch
schreiben:

$$K = \frac{\lambda_2 - \lambda_1}{\lambda} \quad \ldots \ldots \ldots \quad 57)$$

Es gibt wie im folgenden Abschnitt zu erörtern ist, eine
einfache experimentelle Methode, K auf diese Definition hin zu
ermitteln.

Wellenmesser. Ein Sekundärkreis nach Abbildung 69,
der hinsichtlich seiner Selbstinduktion sowie der einzelnen Kapa-
zitätsstellungen geeicht ist und einen empfindlichen Indikator
für die in ihm auftretenden Strom- oder Spannungswerte enthält, bildet als Messkreis ein für den Radiotelegraphisten
unentbehrliches Werkzeug. Ist die Eichung nach Formel 50)
unmittelbar in den seinen Eigenschwingungsdauern entsprechenden Wellenlängen gegeben, so nennt man ihn auch einen
Wellenmesser.

Das Prinzip der Wellenmessung besteht darin, den Messkreis mit dem schwingenden System unbekannter Wellenlänge
induktiv lose zu koppeln und seine Eigenschwingung durch Verstellen des Kontensators so lange zu variieren, bis der Energie-,
Strom- oder Spannungsindikator maximale Wirkung zeigt. In
diesem Falle ist Resonanz vorhanden und die gesuchte Wellenlänge ist gleich der Eigenwellenlänge des Messkreises bei dieser
Kondensatorstellung.

Als Kondensator des Wellenmessers, von dem Abbildung 77
eine sehr einfache Ausführungsform zeigt, dient im allgemeinen
ein Drehplattenkondensator, mit dessen Drehgriff neben einem
Gradzeiger ein anderer verbunden ist, der sich über einer unmittelbar in Wellenlängen geeichten Skala bewegt. Um die

Abb. 77. Primärkreis und Messkreis.

Variationsmöglichkeit grösser zu machen, sind meist mehrere
auswechselbare Selbstinduktionsspulen beigegeben. Es gehört dann
zu jeder Spule eine gesonderte Wellenlängenskala.

Sind beispielsweise 5 verschiedene Spulen mitgegeben, so
zeigt die Wellenlängenskala zwischen dem kleinsten und grössten
Kapazitätswert etwa:

bei Spule 1 auf Wellenlängen von 120 bis 320 m.
„   „   2 „   „   „ 250 „ 570 „
„   „   3 „   „   „ 520 „ 1230 „
„   „   4 „   „   „ 850 „ 1900 „
„   „   5 „   „   „ 1300 „ 2900 „

Diese in anderen Fällen wieder anders lautenden Skalen sind
hier nur aufgeführt, um zu zeigen, wie man sich bemüht, die

Selbstinduktionspulen so abzugleichen, dass die Skalen nach einiger Überdeckung schön aneinander anschliessen.

Die Spulen sind, um Verluste zu vermeiden, möglichst aus Litzendraht hergestellt. In den meisten Fällen dienen sie, durch eine engparallelgeführte, bewegliche Zuleitung mit dem Kondensator verbunden, gleichzeitig als Koppelungsspulen. Es gibt aber auch neuere Konstruktionen, bei denen sie in das Apparatgehäuse fest eingebaut sind und ein Zwischenkreis die Koppelung zwischen Sender und Wellenmesser herstellt.

Als Stromindikator dient am besten ein empfindliches Hitzdrahtampèremeter. Da seine Angaben proportional der in ihm auftretenden Wärmewirkung des Stromes sind und diese proportional J^2W, der verbrauchten Energie in Watt ist, so nennt man diese Instrumente wohl auch „Wattmeter". Handelt es sich nur darum, mit dem Wellenmesser Resonanzwirkungen festzustellen, so genügt es, eine kleine Niederspannungsglühlampe

Abb. 78. Gegenseitige Lage zweier Koppelungsspulen.

in den Stromkreis zu legen. Diese glüht auf, wenn der Wellenmesser mit einem Sendekreis in Resonanz ist. Sehr einfach ist es auch, parallel zu dem Kondensator eine kleine Funkenstrecke zu schalten. Bei Resonanz werden die Spannungsamplituden so gross, dass hier Funkenübergang eintritt. Empfindlicher noch als Spannungsreagenz ist eine kleine mit Helium gefüllte Geisslerröhre, die prächtig sonnengelb aufleuchtet, wenn genügende Spannungswerte vorhanden sind; auch andere Stromindikatoren, Thermoelemente mit Galvanometer oder mit Telephon usf. kann man verwenden. Die Empfindlichkeit aller dieser Indikatoren ist so gross, dass man bei der Messung meist ausserordentlich lose koppeln darf. Zu viel Energie im Messkreis kann das Wattmeter, die Glühlampen usf. zerstören und verursacht nur Fehler in der Messung.

Man bringe also stets die Spule des Wellenmessers vorsichtig aus einer Lage, in der sie nicht von Kraftlinien geschnitten wird, nach und nach in eine wirksamere Lage, während man dauernd langsam den Kondensator C von seiner Minimalstellung zur Maximalstellung variiert. Bemerkt man dabei, dass in einem gewissen Drehbereich der „Indikator" anspricht, so korrigiert man die Koppelung zwischen Primärsystem und Sekundärsystem höchstens noch etwas nach und bestimmt dann so genau wie möglich die Stellung schärfster Resonanz.

Abb. 79. Kompletter Wellenmesser der Gesellschaft für drahtlose Telegraphie in Transportkasten.

Die Art, wie man die Lage der Spule verändert, um sie stärker von Kraftlinien durchsetzen zu lassen, ob man sie nähert oder entfernt, ob man ihre Windungsfläche gegen die Richtung der Kraftlinien dreht, ist an sich völlig gleichgültig. Bemerkenswert ist höchstens ein Fall, der eintritt, wenn man nach Abbildung 78 eine Spule II schrittweise über eine andere Spule I

hinwegschiebt. In der Lage a wird die Spule II nur von den
nach aussen umgebogenen Kraftlinien geschnitten, in der Lage c
nur von den im Innern verlaufenden; hier ist die Induktion am
stärksten. Dazwischen liegt eine Lage b, in der gerade soviel
Kraftlinien in der einen Richtung als in der entgegengesetzten
durch II hindurchtreten. In dieser Lage erfolgt also offenbar
k e i n e Induktionswirkung, obwohl die Spule II jetzt bedeutend
näher an I liegt als in Stellung a.

Abb. 80. Derselbe Wellenmesser ohne Transportkasten.

Die von den Firmen bezogenen Wellenmesser besitzen oftmals ein kleines Stativ, in das man die Spule des Wellenmessers einklemmen und so in die gewünschte Lage bringen
kann.

Abbildung 79 zeigt ein derartiges Messinstrumentarium der
Telefunkengesellschaft, das kompendiös in einem Transport-
kasten verpackt ist. Abbildung 80 lässt die Anordnung im
Innern erkennen.

Aufnahme einer Resonanzkurve. Wenn man einen Wellenmesser, in den ein Hitzdrahtinstrument eingeschaltet ist, in der beschriebenen Art lose mit einem schwingenden Primärkreis koppelt, und langsam durch Drehen des Kondensatorgriffes die Eigenwellenlänge des Wellenmessers von den kleineren zu den grösseren Werten variiert, so erhält man zuerst nur sehr kleine Ausschläge, bei weiterem Drehen beginnen sie ziemlich unvermittelt zu wachsen, sie erreichen an einer Stelle ein Maximum und nehmen dann bei höheren Wellenlängen wieder ab.

Trägt man die einzelnen überstrichenen Wellenlängen als Abszissen, die J_{eff}^2 proportionalen Ausschläge des Wattmeters als Ordinaten in ein Koordinatensystem ein, so erhält man eine

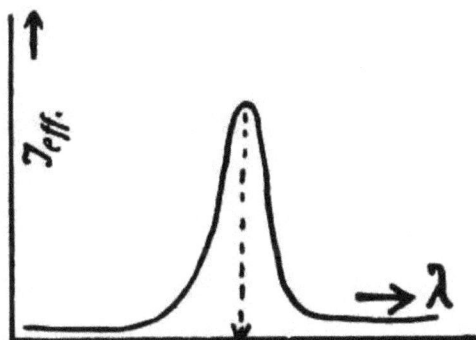

Abb. 81. Resonanzkurve.

Kurve von dem in Abbildung 81 dargestellten Charakter. Die Kurve bezeichnet man als eine Resonanzkurve; ihr Verlauf gestattet, wie schon auf Seite 96 erwähnt wurde, wichtige Schlüsse über die vorliegende Schwingung des Primärkreises zu ziehen.

Um die Kurve sauber zeichnen zu können, orientiert man sich zunächst über die ungefähre Lage des Maximums. Dies liege beispielsweise bei etwa 1890 m. Dann entwirft man sich eine kleine Tabelle (vergl. Tab. 3), in die man eine Folge der kürzeren und längeren Wellenlängen so einträgt, dass eine Häufung der Werte im eigentlichen Resonanzbereich erfolgt. Dann notiert man zu jeder dieser Kondensatorstellungen den Ausschlag, wobei man immer auf ein regelmässiges Arbeiten des

Primärkreises achtet. Aus diesen Wertepaaren lässt sich die Resonanzkurve mit Leichtigkeit konstruieren.

Tabelle 3.

λ	J_{eff}^2
1200	0,4
1500	0,5
1700	1,9
1800	4,5
1850	8,9
1900	12,8
1950	8,6
2000	5,0
2100	2,9
2300	1,3

Abbildung 82 gibt den zu Tabelle 3 gehörigen Verlauf der Resonanzkurve wieder.

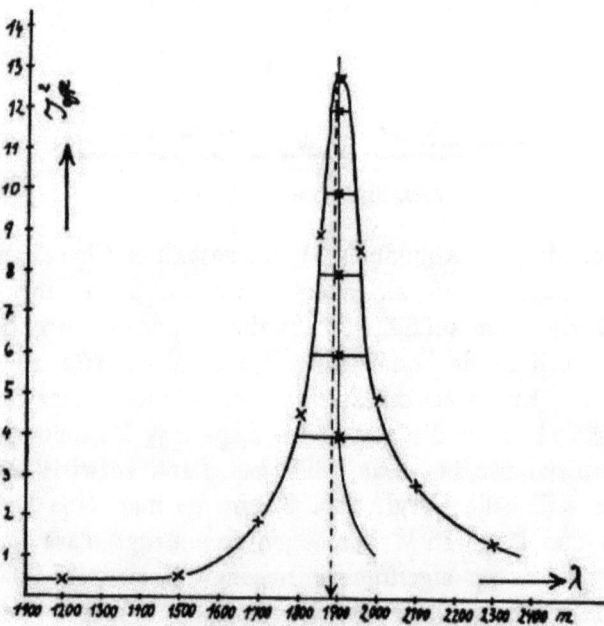

Abb. 82. Konstruktion der Resonanzkurve.

Wellenlänge eines Primärkreises. Will man aus der Resonanzkurve mit grösserer Genauigkeit, als die blosse Betrachtung der Kurve ergibt, die Wellenlänge des Primärkreises ermitteln, so zieht man eine Reihe von horizontalen Sehnen durch die Kurve, halbiert diese und legt an diese hyperbelähnlich verlaufende Mittelpunktskurve die Asymptote. Diese schneidet die Resonanzkurve in einem Punkt P, der, auf die Abszisse projiziert, die gesuchte Wellenlänge ergibt.

Dämpfung. Der Resonanzeffekt zwischen zwei lose gekoppelten Systemen tritt um so energischer auf, je weniger gedämpft die Schwingungen beider Systeme sind. Je steiler die Resonanzkurve verläuft, desto geringer ist die Dämpfung. Es

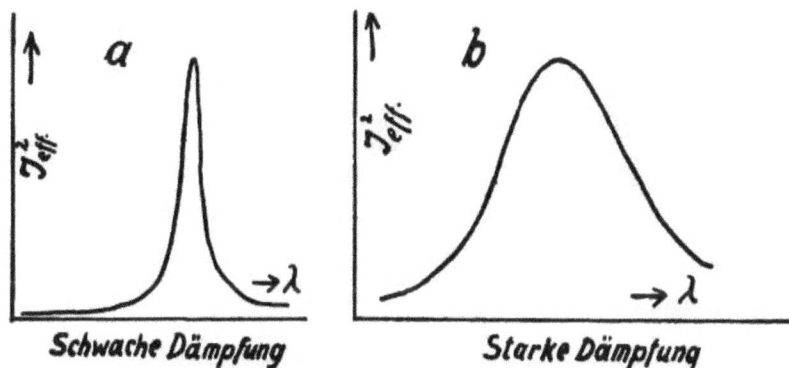

Abb. 83. Abhängigkeit der Form der Resonanzkurve von der Dämpfung.

kommt bei dieser Feststellung nicht auf die Höhe des am Wattmeter abgelesenen Resonanzausschlags an — die kann man durch geringe Änderung der Koppelung erheblich variieren — sondern auf den allgemeinen Charakter der Kurve, ob sie steil und spitz wie in Abbildung 83 a, oder breit und flach wie in Abbildung 83 b verläuft.

Auf sehr einfache Art kann man den zahlenmässigen Betrag der Gesamtdämpfung der beiden Systeme aus einer bei sehr loser Koppelung aufgenommenen Kurve ermitteln. Aus der Gesamtdämpfung lässt sich dann die des Primärkreises allein erhalten, wenn die Dämpfung des Wellenmessers gegeben oder auf andere Art bestimmt ist.

Für die Summe der logarithmischen Dekremente $\mathfrak{b}_1$ und $\mathfrak{b}_2$ der beiden Kreise gilt nämlich mit hinreichender Näherung:

$$\mathfrak{b}_1 + \mathfrak{b}_2 = \frac{\pi}{2} \frac{\lambda_2 - \lambda_1}{\lambda_r} \quad \ldots \ldots \ldots \quad 58)$$

wobei die Bedeutung von λ_1, λ_2 und λ_r aus der in Abbildung 84 ersichtlichen Konstruktion erfolgt. Man halbiert die Resonanzordinate, deren Fusspunkt λ_r ist, zieht die Halbierungssehne und fällt von den beiden Schnittpunkten mit der Kurve Lote auf die Abszissenachse, die bei den Wellenlängen λ_1 und λ_2 auftreffen.

Führt man (Abb. 85) diese Konstruktion an der Kurve Abb. 82 aus, so ergibt sich:

$$\mathfrak{b}_1 + \mathfrak{b}_2 = 1{,}57 \frac{1970 - 1830}{1890} = 0{,}116$$

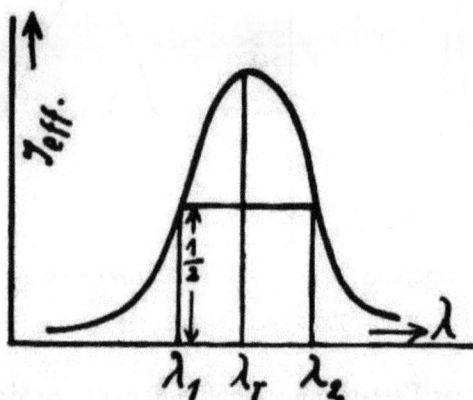

Abb. 84. Ermittelung der Gesamtdämpfung.

Das Dämpfungsdekrement älterer Wellenmesser beträgt 0,02 bis 0,04, das neuerer 0,009 bis 0,018. Das gesuchte Dämpfungdekrement des Primärsystems $\mathfrak{b}_1$ wird also, wenn man in unserem Beispiel das des Wellenmessers zu etwa 0,016 annimmt, $0{,}116 - 0{,}016 = 0{,}10$ betragen müssen.

Dämpfung eines Wellenmessers. Die Dämpfung eines Wellenmessers lässt sich auf verschiedenerlei Art ermitteln. Die einfachste ist, ihn mit einem nach Seite 83 ungedämpft schwingenden System zu koppeln. Die im folgenden beschriebene Methode ist an sich weniger wichtig, macht aber mit einer auch sonst oft sehr nützlichen anderen Form von Gleichung 45) vertraut. Diese Methode besteht darin, in ein mit unbekannter Dämpfung schwingendes System einen bekannten Ohmschen Widerstand einzuschalten.

Die Zusatzdämpfung $\varDelta\mathfrak{b}$ würde sich nach Formel 45) berechnen lassen als:

$$\varDelta\mathfrak{b} = \pi W \sqrt{\frac{C_{\text{Farad}}}{L_{\text{Henry}}}}$$

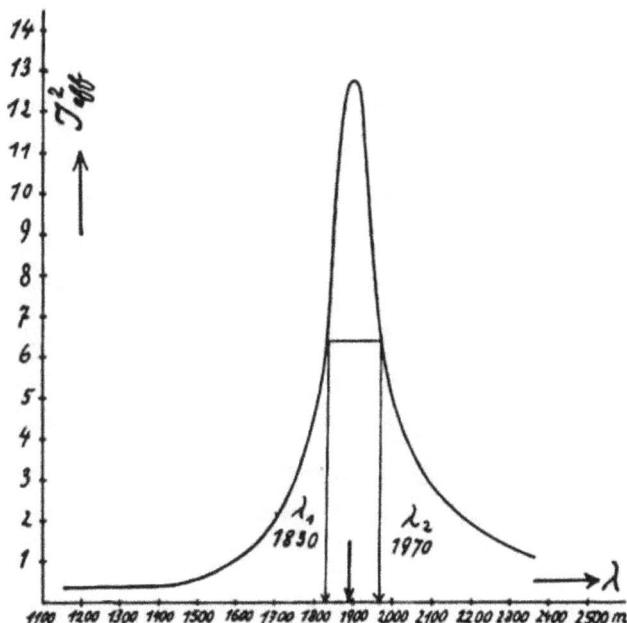

Abb. 85. Ermittelung des Dämpfungsdekrementes von Kurve Abb. 82.

Da aber bei dem Arbeiten mit dem Wellenmesser dessen Wellenlänge λ sowie seine Kapazitätswerte C der einmal durchgeführten Eichung wegen stets bekannt sind, gebraucht man besser die Gleichung:

$$\varDelta\mathfrak{b} = \frac{1}{150} \frac{C_{cm} W}{\lambda_m} \quad \ldots \ldots \quad 59)$$

die unmittelbar in Gleichung 45) übergeht, wenn man für λ den Wert $2\pi c \sqrt{LC}$ unter Berücksichtigung der Maßsysteme einsetzt.

(Ausserdem enthält sie das Näherungsergebnis $\pi^2 = 10$.) Diese Formel ist auch in der Form — für $\varDelta b$ jetzt, da es sich nicht um Zusatzwiderstand handelt, b geschrieben —

$$W = 150 \frac{b\lambda_m}{C_{cm}} \quad \dots \dots \quad 60)$$

sehr bequem, um aus der gemessenen Dämpfung eines Systems, seiner Kapazität und Wellenlänge rasch einen Ohm'schen Widerstand berechnen zu können.

Unter Benutzung der Formel 59) ermittelt man das unbekannte Dämpfungsdekrement b_2 eines Wellenmessers durch folgende Manipulationen.

Man stimmt den Wellenmesser auf den Oszillator ab und ermittelt aus der Resonanzkurve $(b_1 + b_2)$. Schaltet dann nach

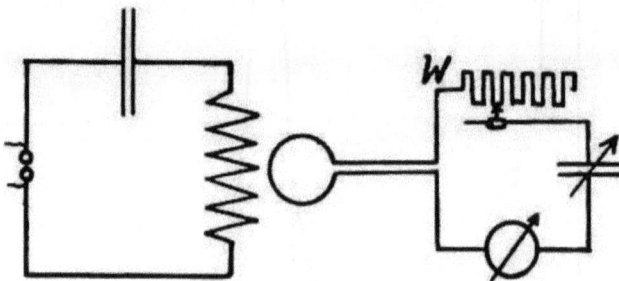

Abb. 86. Messung der Messkreisdämpfung.

Abbildung 86 solange induktionsfreien Widerstand W in den Wellenmesser ein, bis der Resonanzausschlag des Hitzdrahtinstrumentes auf den halben Wert heruntergeht. Diesen Widerstandswert lässt man eingeschaltet und bestimmt aus einer neuen Resonanzkurve die jetzige Gesamtdämpfung $(b_1 + b_2 + \varDelta b_2)$. Dann gilt die Formel

$$b_2 = \frac{\varDelta b_2}{2\frac{(b_1 + b_2)}{(b_1 + b_2 + \varDelta b_2)} - 1}, \quad \dots \dots \quad 61)$$

worin die Grösse $\varDelta b_2$ im Zähler nach Formel 59) aus dem zugeschalteten Widerstand W berechnet ist. Ist die Dämpfung eines Wellenmessers erst einmal bekannt, so genügt es für Überschlagsmessungen der Dämpfung eines Oszillators, den Messkondensator einmal soweit nach rechts und einmal soweit nach links zu drehen, bis der halbe Resonanzausschlag eintritt und dann nach Formel 58 b_1 zu berechnen.

Bestimmung des Koppelungskoeffizienten. Wenn ein Primärsystem mit einem abgestimmten Sekundärsystem eng

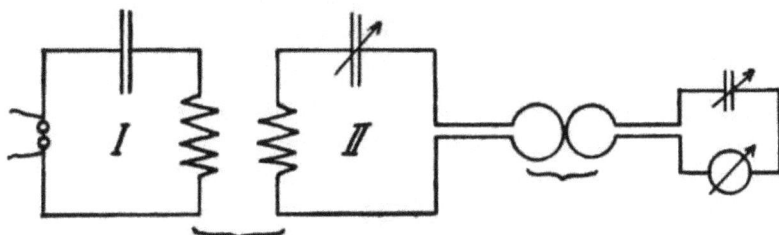

Abb. 87. Messung des Koppelungskoeffizienten.

gekoppelt ist, so kann man durch die Aufnahme der Resonanzkurve eines der beiden Systeme den Koppelungskoeffizienten K finden. Der Wellenmesser ist, wie Abbildung 87 zeigt, so anzuordnen, dass er nur von den Kraftlinien des einen der beiden gekoppelten Kreise getroffen wird. Der Charakter der Reso-

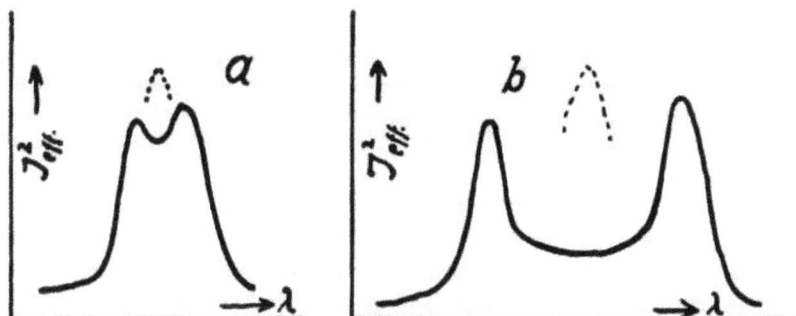

Abb. 88. Resonanzkurven bei fester Koppelung.

nanzkurven, die man erhält, ist in Abbildung 88 skizziert. Entsprechend der Tatsache, dass in jedem der Systeme zwei Schwingungen auftreten, erhält man eine Kurve mit zwei Maximis, die symmetrisch zur Eigenwelle liegen. Je fester die Koppelung ist, um so weiter rücken die Maxima, die je nach der Dämpfung der beiden Systeme steiler oder flacher sind, auseinander. Der Betrag des Koppelungskoeffizienten K ergibt sich unmittelbar aus Formel 57.

$$K = \frac{\lambda_2 - \lambda_1}{\lambda} \quad \ldots \ldots \quad 62$$

λ_1 und λ_2 bedeuten die zu den beiden Maximis gehörigen Wellenlängen. λ liegt symmetrisch zu beiden in der Mitte und entspricht der Eigenwelle bei nicht gekoppeltem System.

Für den Fall Stosserregung in Kreis I vorliegt. hat die Resonanzkurve den Verlauf von Abbildung 89.

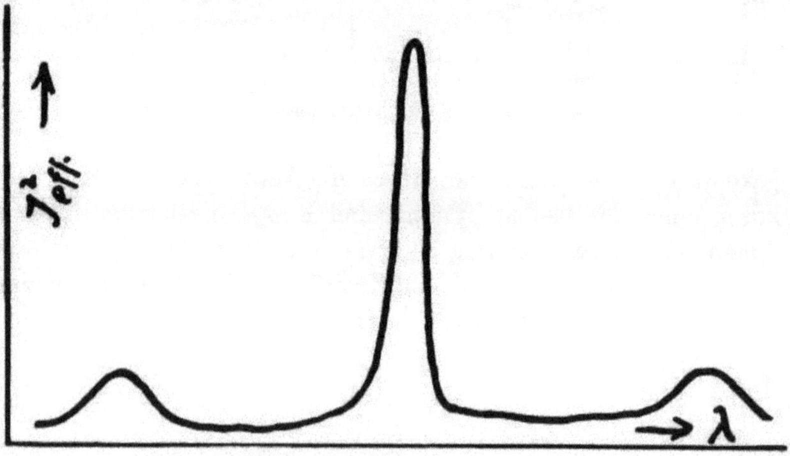

Abb. 89.   Resonanzkurve bei Stosserregung.

Kapazitätsmessung. Wenn man einen geeichten Drehkondensator besitzt, kann man mit Hilfe der Resonanz sehr schnell den Kapazitätswert von Leydenerflaschen usf. nach einer Substitutionsmethode bestimmen. Abbildung 90 zeigt die erforderliche Schaltung. Der Primärkreis ist abstimmbar; im Sekundärkreis, der einen Resonanzindikator enthält, liegen an einer Quecksilberwippe der unbekannte Kondensator C und der bekannte Drehkondensator C_x. Die Messung geht folgendermassen vor sich. Man legt den Bügel der Quecksilberwippe so, dass der unbekannte Kondensator in II eingeschaltet ist, erregt den Primärkreis und variiert dessen Selbstinduktion so lange, bis Kreis II Resonanz zeigt. Dann legt man den Bügel der Wippe um, so dass der Drehkondensator eingeschaltet ist. Während der Erregerkreis unverändert arbeitet, variiert man die Stellung des Drehkondensators so lange, bis wieder Resonanz vorhanden ist. Der Betrag des unbekannten Kondensators C_x ist dann offensichtlich gleich dem Kapazitätswert des Drehkondensators für die ermittelte Resonanzstellung.

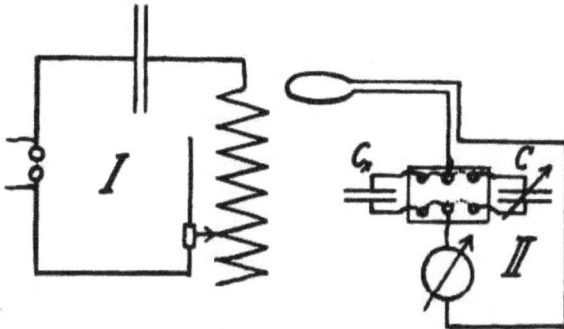

Abb. 90. Kapazitätsvergleichung.

Selbstinduktionsmessung. Variabele, in cm oder Henry geeichte Selbstinduktionsvariometer sind zur Zeit nur sehr selten zu treffen. Die vorige Methode unter Hinzuschaltung eines Kondensators ist deshalb für Selbstinduktionsvergleichung nicht immer möglich. Dagegen ist die Bestimmung des Selbstinduktionskoeffizienten mit Hilfe einer bekannten Kapazität und eines Wellenmessers für die Praxis sehr bequem und meist auch genau genug.

Man bildet aus einer bekannten Kapazität C der unbekannten Selbstinduktion L_x und einer Funkenstrecke ein Primärsystem, dessen Wellenlänge λ man mit dem Wellenmesser ermittelt. Nach Formel 52) gilt dann

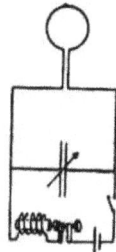

Abb. 91. Summererregung des Messkreises.

$$L_{x\,cm} = 355 \frac{\lambda_m^2}{C_{cm}} \quad \ldots \ldots \quad 63)$$

Eichung von Empfangskreisen. In sehr vielen Fällen sind die Wellenmesser nach Schaltung 91 oder ähnlich mit einem kleinen von einem Trockenelement gespeisten Summer versehen, der den Messkreis zu schwachen Eigenschwingungen

8*

erregen kann. Namentlich für die Abstimmung von Empfangskreisen, die einen Resonanzindikator haben, der auf einen
Telephonhörer arbeitet, ist diese Anordnung zweckmässig.

Die Tatsache, dass man in einer Empfangsstation Wellen
von Gegenstationen mit genau festgelegten Wellenlängen
empfängt, beispielsweise von Norddeich die 1650 m-Welle, gibt
übrigens dem materiell schwächer ausgerüsteten Radiotelegraphisten vielfach Gelegenheit, Konstanten zu gewinnen oder
zu kontrollieren.

V. Kapitel.
Der offene Schwingungskreis.

Nicht quasistationärer Kreis. Zum Auftreten der
Gleichstromerscheinungen ist erforderlich, dass eine geschlossene Leiterbahn vorhanden ist. Eine konstante
elektromotorische Kraft drückt dann durch diesen Kreis den
stetig fliessenden Strom der Elektronen.

Für den Fall eine periodische elektromotorische Kraft in
einem Stromkreis liegt, also bei den Wechselstromerschei-
nungen ist es, wie die Erörterung über den Kondensator er-
gab, bereits zulässig, dass ein kurzes Stück einer Leitungsbahn
mit einem Isolator erfüllt ist, wenn nur die Leitungsbahn
beiderseitig mit einigermassen ausgedehnten Leiteroberflächen
an den Isolator angrenzt. Die in dem Isolator auftretenden
dielektrischen Verschiebungsströme — die sich auf molekulare
Dimensionen beschränkenden Lageveränderungen der gebundenen
Elektronen — schliessen hier gewissermassen den Stromkreis.
Das Auftreten eines Verschiebungsstromes ist notwendigerweise
an eine wachsende oder abnehmende elektromotorische Kraft gebunden. In dem Moment, in dem die Elektronenverschiebung
erfolgt, entsteht dann, wie bei Ausgleichsströmen in Leitern,
kreisförmig um die Verschiebungsrichtung ein magnetisches Feld.

Bei den im vorigen Kapitel besprochenen geschlossenen
quasistationären Schwingungskreisen, in welchen sich die
Stromrichtung periodisch in äusserst kurzen Zeitintervallen

ändert, liegen die Verhältnisse prinzipiell ähnlich wie bei den gewöhnlichen Wechselstromkreisen; nur spielt hier der Kondensator als Sitz des elektrostatischen Feldes für die Periode der Eigenschwingungen eine besondere, erweiterte Rolle.

Bei den in diesem Kapitel interessierenden Hochfrequenzerscheinungen soll die Bedingung, dass die Länge der Strombahn im Verhältnis zur halben Wellenlänge der Schwingung klein sei, dass also an allen Stellen der Strombahn praktisch gleiche Stromwerte herrschen, nicht mehr gefordert werden. Gleichzeitig soll die Strombahn eine Konfiguration erhalten, die keineswegs mehr einem geschlossenen Schwingungskreis ähnelt. Auch ein derartiger nicht quasistationärer offener Schwingungskreis stellt ein schwingungsfähiges System im Sinne des vorigen Kapitels vor. Es kann direkt zu Eigenschwingungen erregt werden, kann mit einem geschlossenen oder offenen Schwingungskreis gekoppelt werden usf. Es gelten in ihm mit einer gewissen Einschränkung dieselben Gesetze, wie für den geschlossenen Schwingungskreis. In einem Punkte aber besteht ein prinzipieller Unterschied. Das elektrische Feld, das im geschlossenen Schwingungskreis im wesentlichen auf das Dielektrikum im Kondensator zusammengedrängt ist, nimmt bei offenen ausgedehnten Leiteranordnungen ganz erhebliche Erstreckungen ein. Ausserdem treten um eine nicht im engen Kreis geschlossene Strombahn Magnetfelder auf, die auch in grosser Entfernung erhebliche Werte aufweisen. Ein Teil der jedesmal zur Bildung dieser Felder aufgewendeten Energie fällt nicht in die Leitungsbahn zurück, sondern breitet sich weiter im Raum aus als elektromagnetische Strahlung. Mit Hilfe der offenen Schwingungskreise kann elektrische Energie ausgestrahlt werden.

Stehende Wellen. Um die Verhältnisse eines nicht quasistationären offenen Schwingungskreises im einzelnen bequem übersehen zu können, sei hier zunächst der Übergangsfall eines nicht quasistationären geschlossenen Stromkreises behandelt.

Ein gewöhnlicher Primärkreis I (Abb. 92) mit einer bestimmten Periode T sei induktiv mit einer sehr langen Draht schleife gekoppelt. Zwischen den Punkten AB wird dann eine im Rhythmus der Schwingungen des Primärkreises wechselnde elektromotorische Kraft auftreten. Der wechselnde Spannungszustand muss sich, da das Potential eines Leiters an allen Punkten sich auf den gleichen Wert einzustellen bestrebt, sowohl von A aus, als von B aus ausbreiten. Die Geschwindigkeit, mit welcher die jeweiligen Spannungswerte auf dem Leiter dahineilen, ist erfahrungsgemäss gleich der Lichtgeschwindigkeit c. Der Abstand gleicher Ladungszustände oder die Länge der fortschreitenden elektrischen Wellen ist entsprechend der früheren Definition Seite 76 gleich der Eigenwellenlänge des Primärsystems.

Wenn die Wellen von A aus und B aus zusammentreffen und sich überlagern, so entstehen durch die Superposition stehende

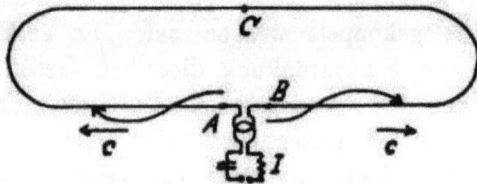

Abb. 92. Nichtquasistationärer Kreis.

Wellen, am deutlichsten wenn die Drahtlänge ein ganzes Vielfaches der Halbwellenlänge ist. An dem Punkt C beispielsweise, der gleichen Abstand von A und B haben möge, trifft von jeder Seite stets ein gleich grosser positiver und negativer Wert zusammen. An dieser Stelle heben sich also immer die gleichmässig ankommenden entgegengesetzten Spannungswerte auf. Hier und ebenso an allen Punkten, die um $\frac{\lambda}{2}$ oder ein ganzes Vielfaches davon nach rechts und links von C entfernt sind, befinden sich Knotenpunkte der Spannung. Auf den dazwischen liegenden Strecken summieren sich regelmässig die beiden gleichzeitig bald mit positiven, bald mit negativen Vorzeichen eintreffenden Werte, so dass in Abständen $\frac{\lambda}{4}$, $\frac{3\lambda}{4}$, $\frac{5\lambda}{4}$ usf. von C aus immer mit $\frac{\lambda}{2}$ Differenz elektrische Spannungsbäuche entstehen. Die Länge dieser stehenden Wellen ist demnach identisch mit der Länge der fortschreitenden Wellen und mit der Eigenwelle des Primärkreises (Lecher, Drude).

Ist jetzt die Strombahn nicht geschlossen, sondern unterbrochen, handelt es sich beispielsweise um ein offenes System nach Abbildung 93, so werden die fortschreitenden Wellen genau wie vorher an den Drähten vorrücken. An den Enden der Drähte tritt aber jetzt Reflexion ein. Die reflektierten Wellen eilen an dem Leiter zurück und gelangen mit den entgegenkommenden Wellen zur Interferenz. Das Ergebnis ist ähnlich wie im vorigen Fall. Durch die Superposition der von der Erregungsstelle aus an dem Drahte hineilenden und an den Enden reflektierten Wellenzüge kommt es zu stehenden Wellen

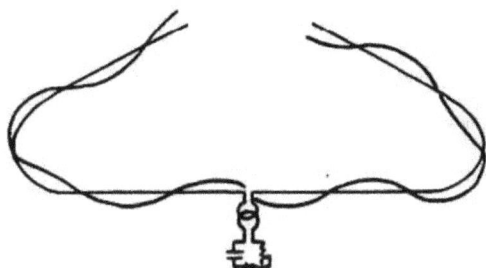

Abb. 93. Stehende Wellen.

Die stehenden Wellen bilden sich am schärfsten aus, wenn die gesamte Leiterlänge ein ganzes Vielfaches der Halbwellenlänge ist, da dann auch mehrfach reflektierte Wellenzüge im günstigen Sinn interferieren. An den Enden der Drähte befindet sich je ein Spannungsbauch.

Im betrachteten Fall wurde die Leiteranordnung als Sekundärsystem von einem Oszillator aus durch Koppelung erregt. Ein offenes System kann aber wie schon erwähnt genau wie ein geschlossener Schwingungskreis mit Hilfe einer Funkenstrecke zur Ausführung von Eigenschwingungen gebracht werden. Abbildung 94 zeigt in mehreren Phasen, wie man sich die Verwandlung eines geschlossenen Schwingungskreises in einen offenen Oszillator vorstellen kann. Im Grenzfall, in dem die Kondensatorbelegungen ganz zur Verlängerung der Strom-

bahn aufgebraucht und die Selbstinduktionsspule gerade gestreckt
ist, erhält man die Anordnung eines linearen Oszillators, an
dem man die für offene Schwingungskreise charakteristischen
Verhältnisse am klarsten übersehen kann.

Die Funkenstrecke (Abb. 95a) möge an einen Transformator angeschlossen sein. Die beiden Teile 1 des linearen
Oszillators laden sich auf; zwischen ihnen entsteht nach Seite 12
ein ausgedehntes elektrisches Feld (Abb. 95b). In dem Moment,
in dem jetzt die Funkenstrecke durchschlagen wird, strömt die
+ Elektrizität nach unten. Die Folge davon ist, dass sich, die
Strömung hemmend, ein Magnetfeld nach Abbildung 95 um die

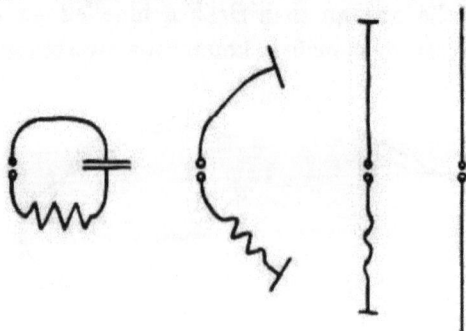

Abb. 94. Übergang aus dem geschlossenen zum offenen Schwingungssystem.

Strombahn bildet. Sobald die Hauptmenge der Elektrizität
übergegangen ist, verschwindet das Magnetfeld und es entsteht
bei seiner Abnahme in dem Oszillator ein Selbstinduktionsstrom
der früheren Richtung. So ergibt sich eine Umladung der beiden
Oszillatorhälften, ein entgegengesetzt gerichtetes elektrisches
Feld. Die Umladungen wiederholen sich oszillatorisch, bis der
gesamte zugeführte Energiebetrag durch die verschiedenen Verluste aufgebraucht ist.

Die einzelnen Abschnitte der Strombahn werden bei diesem
periodischen Prozess nicht gleichartig in Mitleidenschaft gezogen. Die Strömung erfolgt am lebhaftesten in der Mitte
der Anordnung in der Nähe der Funkenstrecke. Hier muss die
gesamte bewegte Elektrizitätsmenge passieren, die vorher auf
dem Leiter aufgespeichert war und die sich hinterher bei ihrem

Fortschreiten abebbend über die andere Oszillatorhälfte verteilt. Trägt man die zu den einzelnen Leiterpunkten gehörigen Stromstärken seitlich an dem Oszillator auf, so erhält man eine Kurve nach Abbildung 95 d. Der Strom hat in der Nähe der Funkenstrecke sein Maximum.

Gerade reziprok steht es mit der Spannungsverteilung. In der Mitte der Strombahn häufen sich keine Elektrizitätsmengen an, aber an den Enden der Bahn stauen sie sich. Hier tritt jedesmal für einen Moment eine Potentialsteigerung ein. Ab-

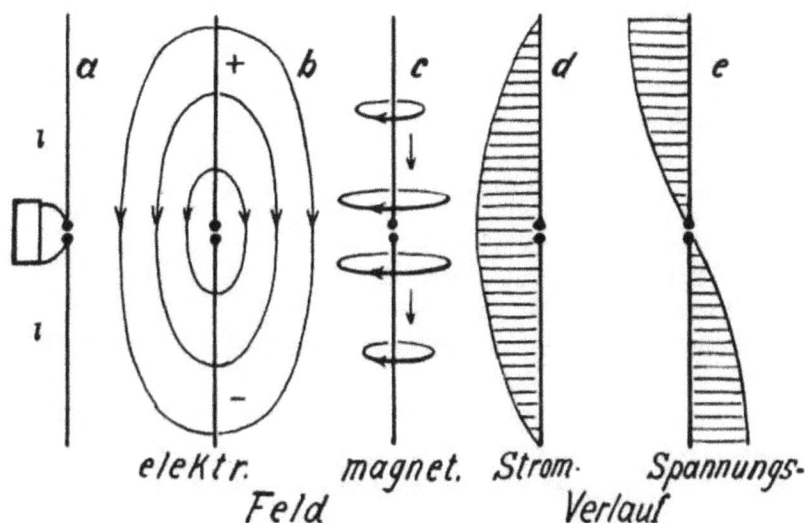

elektr. Feld   magnet.   Strom-   Spannungs- Verlauf

Abb. 95. Strom und Spannungsverhältnisse um einen offenen Oszillator.

bildung 95 e gibt entsprechend die Verteilung der Spannung längs der Bahn des Oszillators wieder.

Genau wie im geschlossenen Schwingungskreis pendelt die Energie zwischen der Energieform des Magnetfeldes und der des elektrischen Feldes hin und her. Der Strom ist im Maximum, wenn die Spannung im Minimum ist und umgekehrt. Zwischen beiden besteht eine Phasenverschiebung von 90°.

Die Dauer einer vollen Oszillation bei Primärerregung ist gleich der Zeit, die vergeht, bis die Elektrizitätsmenge einmal die gesamte Oszillatorlänge 2 l und wieder zurück durchlaufen hat. Es ist also die Schwingungsdauer T:

$$T = \frac{4l}{c} \text{ und, da } \lambda = Tc$$

$$l = \frac{\lambda}{4}, \quad \ldots \ldots \ldots \quad 64)$$

wobei l und λ beide in cm oder m zu rechnen sind. Ein offener linearer Oszillator besitzt demnach als Grundschwingung eine Wellenlänge, die das Vierfache einer Oszillatorhälfte beträgt.

Dadurch, dass man in den linearen offenen Schwingungskreis Kapazitäten oder Selbstinduktionsspulen einschaltet, kann man seine Schwingungszahl und Wellenlänge erheblich verändern. Der Einfluss, den diese Anordnungen auf den Schwingungsverlauf erhalten, ist aber stark abhängig von der Stelle, an der man sie in die Strombahn einschaltet.

Es sei zunächst angenommen (Abb. 96 a), dass je eine Kapazität, in diesem Fall eine grössere Metallmasse ganz an das Ende der Leiter gelegt werde. Die Strom- und Spannungsverteilung entspricht dann einem bedeutend längeren Oszillator l. Die Wellenlänge ist entsprechend gewachsen. In Abbildung 96 b ist dargestellt, wie die Verhältnisse liegen, wenn nur einseitig eine Leiterfläche verwendet wird. Besitzt die Fläche im Verhältnis zu ihrem Abstand a von der Mitte den richtigen Wert, so bedeutet sie für den Strom- und Spannungsverlauf des oberen Oszillators keinerlei Störung. Im Abstand a = l von der Mitte muss sie einen verschwindend kleinen Wert haben, um ohne Einfluss zu bleiben, bei dem Abstand a = O, wenn sie unmittelbar unter der Funkenkugel liegt, muss sie ausserordentlich gross werden. Diese Tatsache ist für die Radiotelegraphie von erheblicher Bedeutung, denn sie besagt, dass man die eine Hälfte eines offenen Oszillators ohne den sonstigen Verlauf der Schwingung zu stören, durch Erdung des Oszillators ersetzen kann. Die Erdung muss allerdings, wenn die Funkenstrecke oder Erregerstelle nach wie vor an ihrer günstigsten Stelle im Strombauch belassen werden soll, auf möglichst kurzem Wege erfolgen.

Schaltet man Kondensatoren, beispielsweise Drehkondensatoren C in den Verlauf der Strombahn nicht zu weit von der Mitte ein (Abb. 96 c), so wird die Gesamtkapazität des Oszillators (S. 56) verkleinert und die Wellenlänge sinkt.

Schaltet man dagegen (Abb. 96 d) eine S p u l e an der entsprechenden Stelle in die Strombahn, so wird die Wellenlänge vergrössert, und zwar um m e h r, als der aufgespulten Drahtlänge entspricht.

Wenn man einen offenen Oszillator direkt zu Eigenschwingungen erregt oder ihn mit einem anderen abgestimmten Schwingungskreis koppelt, so gelten im wesentlichen für ihn sinngemäss alle Gesetze, die für den geschlossenen Schwingungskreis und gekoppelte Systeme mitgeteilt sind. Bei unsymmetri-

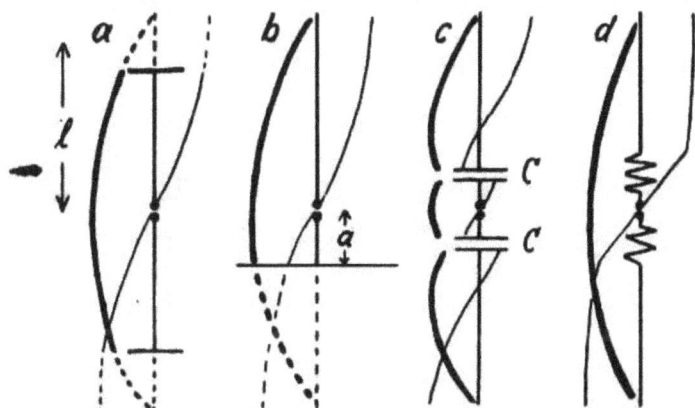

Abb. 96. Einfluss von Kapazitäten und Selbstinduktion auf den Schwingungsverlauf.

scher Erregung können allerdings ausser der Grundschwingung auch Schwingungen von kleinerer Periode, von denen die Grundschwingung ein geradzahliges Vielfaches vorstellt, auftreten. Ein wesentlicher Unterschied besteht nur, wie schon bemerkt, in den Dämpfungsursachen. Der geschlossene Schwingungskreis (Abbildung 97) erzeugt in grösserem Abstand von der Strombahn keine merklichen Magnetfelder, da stets die Wirkung eines Teiles der Strombahn A B durch die Wirkung eines entgegengesetzt verlaufenden Teiles A′ B′ gerade kompensiert wird. Die von den stets gleichsinnig durchflossenen Leiterteilen eines offenen Oszillators herrührenden Feldbeträge setzen sich dagegen zu einem sehr kräftigen Magnetfeld zusammen.

Der Betrag der in das Feld geschickten Energie, der bei der Umladung nicht zurückkehrt, ist verhältnismässig gross. Die Strahlungsdämpfung, die bei geschlossenen Schwingungskreisen nur einen verschwindenden Beitrag zur Gesamtdämpfung liefert, überwiegt bei offenen Oszillatoren im allgemeinen weit die anderen Dämpfungsursachen.

Antennen. Einen zum Zweck der Energieausstrahlung direkt oder durch Koppelung zum Schwingen erregten offenen Oszillator bezeichnet man als eine Antenne. Meistens wird zur Strahlung nur eine Oszillatorhälfte benutzt und die andere Hälfte durch Erdung oder ein „Gegengewicht" ersetzt. Dies Gegengewicht muss dann nach Möglichkeit so ausbalanziert sein, dass die Erregerstelle mit dem Strombauch des Systemes, falls dieses in der Grundschwingung oszilliert, zusammenfällt.

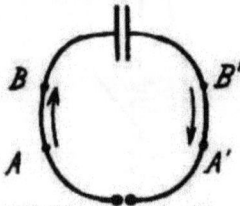

Abb. 97. Nichtstrahlender geschlossener Kreis.

Befindet sich die Station auf dem Lande oder Wasser, so muss das Antennengebilde oder wohl auch „Luftdrahtgebilde" durch geeignete Masten und Stangen verspannt oder durch Drachen und Fesselballons in die Höhe geführt werden.

Abbildung 98 a bis d zeigt verschiedene Antennenformen, die sich in der Praxis nach und nach eingeführt haben. Abbildung 98 a ist eine mit Fesselballon hochgeführte Linearantenne, Abbildung 98 b stellt eine kräftiger wirkende Harfenantenne vor, die man sich aus einer Reihe parallelgeschalteter Linearantennen entstanden denken kann. Mehrere vereinigte Harfenantennen ergeben eine Kegelantenne. Die in Abbildung 98 abgebildete meist an zwei Masten verspannte Form wird gewöhnlich auf Schiffen benutzt und heisst deshalb Schiffsantenne oder auch auch T-Antenne. Die Schirmantenne von Abbildung 98 d wurde bereits einleitend in Abbildung 1 wiedergegeben.

Je grösser im Verhältnis zur Eigenwellenlänge die Vertikalerstreckung der Antenne ist, um so stärker ist ihre Strahlung. Als Strahlungsdekrement hat man etwa anzunehmen (Zenneck) für die

Linearantenne	0,2 — 0,3
Harfenantenne	0,3 — 0,4
Kegelantenne	0,3 — 0,4
Doppelkegelantenne	0,5
Schiffsantenne	0,2 — 0,3
Schirmantenne	0,1.

Die Schirmantenne besitzt deshalb besonders geringe Strahlungsdämpfung, weil die abwärts geführten Schirmdrähte, wie

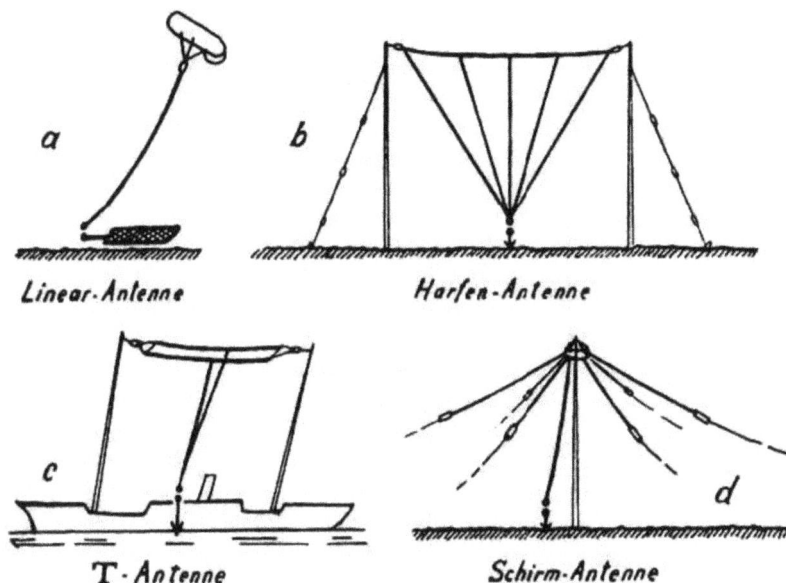

Abb. 98. Verschiedene Antennenformen.

beim geschlossenen Schwingungskreis, das Magnetfeld des auf-
steigenden Antennenleiters schwächen.

Als Antennenleiter benutzt man Kupferlitzen, Kupferdrähte
und, wo starke mechanische Beanspruchung möglich ist, Phos-
phorbronzedrähte. Bei Sendeantennen muss die Isolation da, wo
hohe Spannungsamplituden auftreten, sehr sorgfältig ausgeführt
werden, da sonst Energieverluste durch „Sprühen" auftreten.

Etwa zur Versteifung der Masten verwendete Pardunen,
Stahlseile usf. müssen, damit möglichst geringe Energieentziehung durch die in ihnen induzierten Hochfrequenzströme ein-

— 126 —

tritt, in kurzen Abständen, alle 5 oder 10 m durch Isolatoren
unterteilt werden.

Befindet sich die Station auf einem Luftballon, Luftschiff
oder Aeroplan, so kann man dem Antennengebilde auf einfachste
Art die Vertikalerstreckung durch Abwärtshängenlassen eines
unten beschwerten Leiters geben.

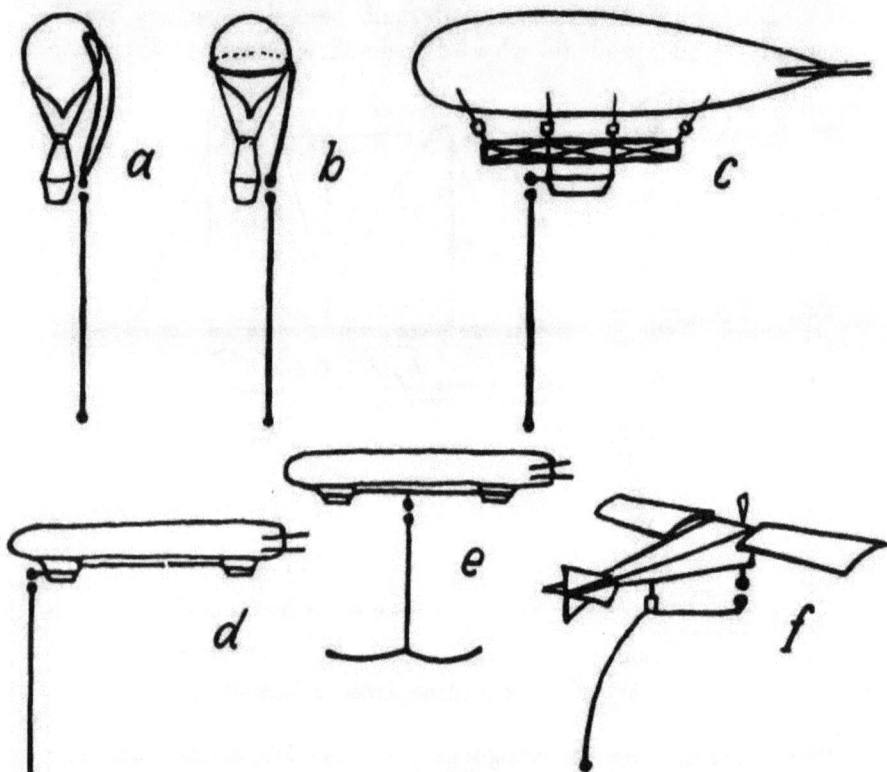

Abb. 99. Ballon, Luftschiffe und Flugzeugantennen.

Abbildung 99a und b zeigt die Anordnung der Antenne an
einem Freiballon (Mosler, Ludewig). Als Gegengewicht müssen
Drähte, Litzen oder Metallbänder auf irgend eine Art am Netz
befestigt werden.

Bei einem unstarren oder halbstarren Luftschiff (Abb. 99c)
sind meist an sich durch die Gondel und die Aufhängung geeignete Metallmassen gegeben.

Ein starres Luftschiff mit Metallgerippe (Abb. 99 d und e) stellt ein ausgezeichnet wirksames Gegengewicht vor. Für den Fall als Versteifungsmaterial Holz dient, kann ein künstliches Gegengewicht parallel zum Gaskörper verspannt werden.

An Flugzeugen (Abb. 99 f) lässt man gleichfalls die Antenne abwärts hängen und benutzt die Konstruktionsteile des Fahrzeuges oder besonders metallisierte Flächen als Gegengewicht.

In den Abbildungen 100 a und b sind noch einige vorgeschlagene Variationsmöglichkeiten dargestellt. Abbildung 100 a stellt ein Luftschiff vor, auf dem, um den Schiffskörper nicht als Gegengewicht zu benützen, ein offener Oszillator zur 1. Oberschwingung erregt wird (Beggerow). Zur Strahlung dienen dann

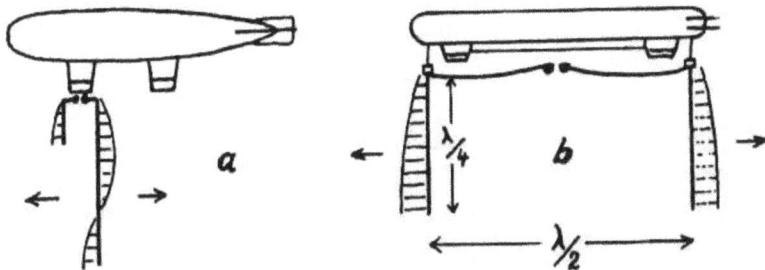

Abb. 100. Spezialantennen.

nur die unteren ³/₈ des langen Drahtes. Die Anordnung 100 b würde einen Richtungseffekt ergeben (Solff). Die Antenne strahlt in der Richtung der Schiffsachse stärker als senkrecht dazu und eignet sich für den Empfang von Wellen am besten, die aus dieser Richtung kommen.

Ein Luftfahrzeug bietet viele Möglichkeiten zu einer günstigen Antennenmontage. Die meisten dieser und viele andere Anordnungen sind in den Jahren, in denen es sich um die ersten Antennenmontagen an Luftfahrzeugen handelte, von den beteiligten Kreisen erwogen und in der Zwischenzeit auch von der einen oder anderen Seite in Druckschriften vorgeschlagen oder als erprobt empfohlen worden.

Beachtet muss in jedem Falle werden, dass die Stationsapparate, Sender oder Empfänger, in einem Schwingungsbauch des offenen Systemes liegen und dass keine Möglichkeit gegeben

wird, dass das Füllgas durch irgendwie beim Senden übergehende
Funken in Brand gerät. Besondere Vorsicht ist hier insofern
am Platz, als auch zwischen sonst isolierten Metallteilen (Draht-
verspannungen und dergl.), die nicht in unmittelbarer Verbindung mit dem Strahlsystem stehen, durch Induktion Funken-
potentiale hervorgerufen werden können.

Messungen. Bei modernen drahtlos telegraphischen
Stationen werden in den Sendeanordnungen die Antennen ausschliesslich durch Koppelung mit einem geschlossenen Schwingungskreis erregt. Ebenso geben meist beim Empfang die Antennen die absorbierte Hochfrequenzenergie an ein gekoppeltes
Empfängersystem weiter. Alle Schwingungssysteme, der primäre
Sendekreis, die Sendeantenne, die Empfangsantenne und der
Empfängerkreis müssen, damit überall Resonanzwirkung eintreten
kann, auf eine gleiche gemeinsame Wellenlänge abgestimmt
sein. Man kann somit zwei drahtlos telegraphische Stationen
gewissermassen als zwei strahlungs- gekoppelte abgestimmte
schwingungsfähige Systeme bezeichnen.

Dadurch, dass man die Wellenlänge einer Antenne durch
Einschalten eines Kondensators verkürzen, durch Einschalten
von Selbstinduktionsspulen verlängern kann, hat man es auf das
bequemste in der Hand, die Antenne auf jede gewünschte Periode
abzustimmen. Sowohl für das Senden als für das Empfangen
von Wellen ist es aber unzweckmässig, mit Wellenlängen zu arbeiten, welche die Eigenwelle der Antenne, das heisst die ohne
Spulen und Kondensatoren vorhandene Wellenlänge, zu erheblich
übertreffen.

Es würde sehr unrationell sein, wenn man eine Antenne
von 100 m Eigenwellenlänge (beispielsweise ein 25 m langer
Vertikaldraht, entsprechend $1 = \frac{\lambda}{4}$) durch Einschalten von Verlängerungsspulen zum Aussenden von 3000 m langen Wellen
benutzen wollte.

Eigenwellenlänge. Die Eigenwellenlänge einer Sende-
oder Empfangsantenne ermittelt man genau so, wie die eines geschlossenen Schwingungskreises, mit dem geeichten Wellenmesser.
In die Antennenleitung wird oberhalb oder unterhalb der Funken-

strecke, die direkt von einem Induktor oder Transformator gespeist wird, eine Schleife gelegt (Abb. 101a). Mit dieser koppelt man den Wellenmesser und stellt ihn auf Resonanz ein.
Im allgemeinen wird die Station mit Wellenlängen arbeiten
wollen, die grösser sind als die Eigenwelle der Antenne. Um
dann stets die einzuschaltende Verlängerungsspule auf die im
energieliefernden Primärkreis eingestellte Wellenlänge rasch ab-
stimmen zu können, empfiehlt es sich, in der angegebenen Art
die Wellenlänge bei verschiedenen Stellungen der Verlängerungsspule des stetig variabeln „Antennenvariometers" ein für
allemal zu ermitteln, während gleichzeitig eine jeweils zur Koppelung erforderliche Windungszahl eingeschaltet ist. Die Stellungen

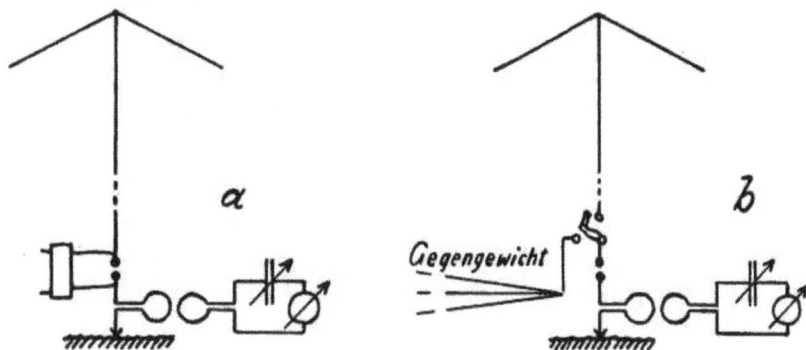

Abb. 101. Bestimmung der Eigenwellenlänge.

der Verlängerungsspule können dann unmittelbar mit den entsprechenden Wellenlängenzahlen in m bezeichnet werden.

Besitzt die Station leidlichen Erdanschluss, will man
aber auch mit „Gegengewicht", also einem in einigem Abstand
über dem Boden isoliert verspannten Drahtnetz, Einzeldrähten
oder dergl. arbeiten, so ist es empfehlenswert, auch das Gegengewicht abzustimmen, falls seine Kapazität nicht ausserordentlich gross ist. Eine einfache Schaltung für diesen Zweck zeigt
Abbildung 101b. Man erregt einmal die Antenne gegen Erde
und lässt dann das Gegengewicht gegen Erde schwingen.
Erhält man im letzteren Fall eine kleinere Welle, so muss
die Kapazität des Gegengewichtes entsprechend vergrössert
werden.

Für Sendezwecke muss etwaige direkte Erdung sehr geringen Ohmschen Widerstand besitzen. Schlechte Erdung mit grossen Übergangswiderständen kann äusserst störende Verlustdämpfung ergeben. Gasrohrleitungen sind nur mit grosser Vorsicht zu benutzen und besser ganz auszuschliessen.

Auf einem Luftfahrzeug hat man es verhältnismässig bequem, sich von der richtigen Grösse des Gegengewichtes zu überzeugen, für den Fall man mit einer vertikal herabhängenden Linearantenne arbeitet. Sind keine grösseren Spulen und Kondensatoren eingeschaltet, so muss die Länge des herabhängenden Drahtes gleich der Viertelwellenlänge sein. Hat man beispielsweise 150 m Draht ausgegeben, so müsste die Wellenlänge 600 m betragen. Findet man bei direkter Erregung und Wellenmessung weniger, so ist dies ein Zeichen dafür, dass das Gegengewicht zu klein ist. Wenn es sich nicht vorteilhaft vergrössern lässt und man nicht mit einer kleineren Wellenlänge arbeiten will, so empfiehlt es sich, in die Gegengewichtsleitung eine entsprechend abgeglichene Verlängerungsspule zu legen. Will man mit grösserer Wellenlänge als der so definierten Eigenwelle arbeiten, so muss man in die Antennen- und Gegengewichtsleitung symmetrisch gleiche Verlängerungsspulen einfügen. Die in die Antennenleitung eingeschaltete Spule kann man selbstredend unter Vergrösserung der Strahlungswirkung durch entsprechend weiteres Ausgeben von Antennenleitung ersetzen.

Kleine Dissymetrien zwischen Antenne und Gegengewicht sind praktisch übrigens beinahe belanglos.

Kapazitätsmessung. Die Kapazität der Antenne interessiert namentlich aus Gründen der Koppelung. Die Kapazität C_1 eines mit der ganzen Selbstinduktion gekoppelten Primärsystemes muss mit der Kapazität C_2 des Sekundärsystemes, hier der Antenne, für jeden Wert des Koppelungskoeffizienten K in einem ganz bestimmten Verhältnis stehen. Und zwar gilt nach Formel 56)

$$K = \sqrt{\frac{C_2}{C_1}}.$$

Für Stationen nach dem tönenden Funkensystem der Gesellschaft für drahtlose Telegraphie muss dieser Koppelungskoeffizient etwa 20% betragen, d. h. C_1 muss etwa 25 mal grösser sein als C_2.

Wenn es sich darum handelt, in der geschilderten Schaltung zu einer vorhandenen Antenne rasch einen entsprechenden Primärkreis herzustellen, so muss man für diesen eine Kapazität von etwa dem 25fachen Betrag der Antennenkapazität abgleichen. Voraussetzung hierfür ist aber, dass man zunächst die Antennenkapazität kennt. Die folgende Methode führt ausser der von Seite 56, wenn man einen geeichten Drehkondensator und ausserdem einen Wellenmesser zur Verfügung hat, hinreichend zum Ziel.

Man ermittelt zunächst wie früher (S. 128) die Eigenwelle der Antenne mit dem Wellenmesser, dann schaltet man (Abb. 102)

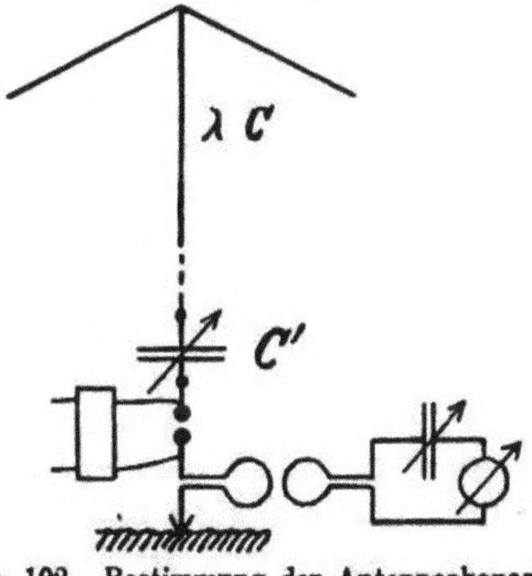

Abb. 102. Bestimmung der Antennenkapazität.

den Drehkondensator C' in die Antennenleitung ein. Ehe man die Antenne von neuem erregt, rechnet man sich den Zahlenwert von $\frac{\lambda}{1,41}$ oder was dasselbe ist $\frac{\lambda}{\sqrt{2}}$ aus und stellt den Wellenmesser auf diese so gefundene Wellenlänge ein. Wenn dies geschehen ist, erregt man die Antenne wieder und variiert den zugeschalteten Drehkondensator so lange, bis der Wellenmesser Resonanz anzeigt. Ist dies der Fall, so gilt einfach:

$$C = C'. \qquad \qquad 66)$$

Die unbekannte Antennenkapazität ist gleich dem Kapazitätsbetrag des Drehkondensators für die Stellung, in welcher

9*

Resonanz erfolgte. Dass dem so sein muss, ist ohne weiteres einzusehen.

Bei der ersten Messung gilt: $\lambda = 2\pi c \sqrt{LC}$.

Bei der zweiten Messung entsprechend $\dfrac{\lambda}{\sqrt{2}} = 2\pi c \sqrt{L\dfrac{CC'}{C+C'}}$

da die Kapazitäten in Serie liegen (S. 56).

Eliminiert man aus beiden Gleichungen λ, so folgt

$$\sqrt{LC} = \sqrt{2} \times \sqrt{L\dfrac{CC'}{C+C'}} \quad \text{oder} \quad C = 2\dfrac{CC'}{C+C'}$$

Und hieraus ergibt sich über

$$1 = \dfrac{2C'}{C+C'} \quad \text{oder} \quad C' + C = 2C \quad \text{endlich} \quad C = C'$$

wie behauptet war.

Koppelung. Wird die Antenne nicht von einem Stosskreis mit Löschfunkenstrecke, sondern durch Koppelung mit einem gewöhnlichen Schwingungskreis, der Rückwirkung zulässt, erregt, so kann der Koppelungskoeffizient genau wie auf Seite 113 angegeben wurde, durch Aufnahme der zweiwelligen Resonanzkurve ermittelt werden. In der Praxis wird man dies Auftreten der Doppelwelle besser vermeiden und die Koppelung um gerade so viel lösen bis eine Resonanzkurve mit nur einem Maximum auftritt. Die Koppelung stärker zu lösen, empfiehlt sich deshalb nicht, weil sonst die Antenne zu wenig Energie aus dem Primärkreis zugeführt erhält. Das Optimum der Wirkung, hinreichende Energiezufuhr und doch praktische Einwelligkeit liegt bei einem Koppelungskoeffizienten von nur 3% bis 4%.

Dämpfung. Bei direkter Erregung oder Erregung durch einen Stosskreis, das ist also für den Fall die Antenne, nachdem sie erregt wurde, unabhängig vom Primärkreis ausschwingt, bereitet die Messung des logarithmischen Dekrementes der Antennendämpfung keinerlei Schwierigkeiten. Die schwingende Antenne stellt auch dann gewissermassen ein Primärsystem vor. Aus der mit dem Wellenmesser aufgenommenen Resonanzkurve folgt nach der Formel

$$\delta_{Antenne} = 1{,}57 \frac{\lambda_2 - \lambda_1}{\lambda_r} - \delta_{Wellenmesser}$$

die Antennendämpfung, wenn die Wellenmesserdämpfung bekannt ist oder wegen ihrer Kleinheit vernachlässigt wird (S. 110). λ_1 und λ_2 bezeichnen wieder die beiden Wellenlängen, bei welchen der Wattmeterausschlag des Wellenmessers auf den halben Ausschlag der Resonanzwelle λ_r gesunken ist. Wie früher muss man für extrem lose Koppelung bei dieser Messung besonders besorgt sein.

Antennenwiderstand. Die verschiedenen Dämpfungsverluste in der Antenne sind äquivalent einem bestimmten in

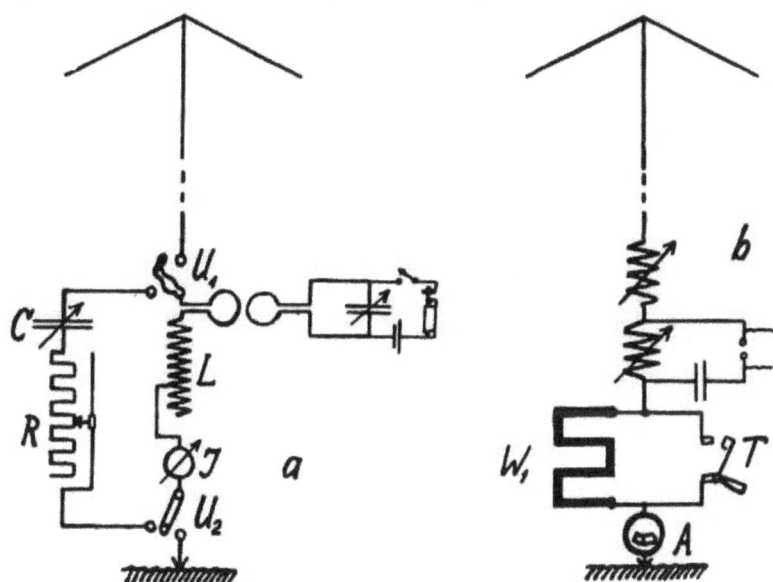

Abb. 103. Bestimmung des Antennenwiderstandes.

die Strombahn eingeschalteten Ohmschen Widerstand (S. 85). Die Kenntnis dieses Gesamtwiderstandes ist sehr nützlich für die Ermittelung der „Antennenenergie". Man findet ihn entweder aus dem Dämpfungsdekrement nach Formel 60) oder man ermittelt ihn direkt nach Schaltung Abb. 103a oder 103b. Abbildung 102a gibt eine genaue Substitutionsmethode an (Austin). Es wird durch zwei Umschalter U_1 und U_2 dafür gesorgt, dass an die jeweilige zur Abstimmung erforderliche Selbstinduktion L entweder die Antennen- und Erdleitung oder ein Kreis angelegt werden kann, der eine Kapazität C gleich der Antennenkapazität und einen variabeln geeichten Widerstand R enthält. Durch einen mit Summer erregten abgestimmten Wellenmesser erzeugt man Schwingungen und stellt nun zunächst den Ausschlag fest, den ein empfindliches Hitzdrahtinstrument oder mit Galvanometer verbundenes Thermoelement I anzeigt, wenn die Antennen- und Erdleitung angeschlossen ist. Dann schaltet man $U_1 U_2$ um und verändert R solange, bis das Messinstrument I den gleichen Ausschlag anzeigt, wie bei der ersten Messung. Es ist dann der unbekannte Antennenwiderstand W

$$W = R - w_J, \qquad \qquad 67)$$

wo w_J den anderweit bestimmten Hochfrequenzwiderstand des Strommessers bedeutet.

Man findet W ferner unschwer an einer sendebetriebsfähigen Station nach Abbildung 103 b, in deren Erdleitung oder Gegengewichtsleitung ein in Ampère geeichter Hitzdrahtstrommesser A eingeschaltet ist. Man legt ausserdem in diese Leitung noch einen hinreichend belastbaren, selbstinduktionsfreien Widerstand W_1 sowie parallel zu seinen Anschlussklemmen einen kräftigen Stromschlüssel T.

Wenn die Station regulär arbeitet, der Widerstand W_1 also durch den Stromschlüssel T kurz geschlossen und nur der unbekannte Antennenwiderstand W vorhanden ist, so schlage das Ampèremeter bis zu einem Stromwert J aus. Dann öffnet man den Schalter T, so dass jetzt zu dem früheren unbekannten Widerstand W noch der bekannte Widerstand W_1 in Serie liegt. Der Stromwert sinkt hierbei auf den Betrag J_1. Die schwingende Energie hatte im ersten Fall den Betrag $J^2 W$, im zweiten Fall den Betrag $J_1^2 (W + W_1)$. Beide Beträge werden in erster Annäherung als gleich gross aufzufassen sein, es gilt also:

$$J^2 W = J_1^2 (W + W_1) \text{ oder } J^2 W - J_1^2 W = J_1^2 W_1$$

und somit

$$W = W_1 \frac{J_1^2}{J^2 - J_1^2} \qquad \qquad 68)$$

Für verschiedene Wellenlängen muss der Widerstand gesondert bestimmt werden, denn namentlich ein Bestandteil des Gesamtwiderstandes W_1 der Strahlungswiderstand W_s ist in hohem Grade von λ abhängig. Man kann W_s abschätzen nach der Formel

$$W_s = 80\,\pi^2\,\frac{l^2}{\lambda^2}\ \text{Ohm}, \quad \ldots \ldots \quad 69)$$

wobei unter l die wirksame Antennenhöhe (S. 145) verstanden ist (Rüdenberg).

Der Erdwiderstand hat bei Landstationen Werte, die von den Verhältnissen der Bodenfeuchtigkeit und dem Verlauf der elektrischen Kraftlinien im Boden abhängen. Auch einer mit Gegengewicht arbeitenden Station kommt in diesem Sinne ein Erdwiderstand zu. Eine Luftschiff-, Ballon- oder Flugzeugstation ist frei von Erdwiderstand. Hierin liegt ein nicht zu unterschätzender Vorteil.

Wirkungsgrad. Die zu Formel 68) führende Messung interessiert an dieser Stelle vor allem, weil sie unmittelbar den Betrag der in der Antenne schwingenden Energie ergibt. Wenn man zurzeit in Deutschland von einer 5 KW-Station (Telefunken) spricht, so versteht man darunter eine Station, in deren Antenne dieser Energiebetrag von 5 Kilowatt schwingt. Aus dem Verhältnis der dem Transformator zugeführten Gleichstrom- oder Wechselstromenergie zu dem Betrag der in der Antenne schwingenden Hochfrequenzenergie erhält man den Gesamt-Wirkungsgrad der Station. Die dem Transformator bei Wechselstrombetrieb zugeführt Energie A_1 hat den Betrag $J_{eff} \times E_{eff} \cdot \cos\varphi$ (Formel 18) und wird mit einem Wattmeter gemessen. Die in den Primärkreis übergeführte Energie A_2 ergibt sich aus Formel 49) zu $\frac{NCV^2}{2}$ Watt. Und

$$\eta_1 = \frac{A_2}{A_1}$$

ist der Wirkungsgrad der Anordnung zwischen der Primärseite des Transformators und dem geschlossenen Schwingungskreis.

Der Energiebetrag in der Antenne A_3 hat den Wert J^2W, und

$$\eta_2 = \frac{A_3}{A_2}$$

ist der Wirkungsgrad der Anordnung zwischen geschlossenem Schwingungskreis und Antenne.

$$\eta = \frac{A_3}{A_1}$$

stellt demnach den Gesamtwirkungsgrad der Station vor. Bei dem modernen Löschfunkensystem beträgt η_2 sehr nahezu 100 %, η_1 etwa 75 %, so dass der gesamte Wirkungsgrad vom Wechselstromgenerator bis zur Antennenenergie als etwa 75 % angenommen werden kann.

VI. Kapitel.
Die Strahlung.

Das elektrische Wechselfeld. Wenn die Elektrizität in einem offenen Schwingungskreis hin und her pendelt, so ist die Umgebung des Oszillators immer abwechselnd Sitz eines magnetischen und eines elektrischen Feldes. Im vorigen Kapitel wurde in Abbildung 95 b und c nur gewissermassen je ein Momentbild des Verlaufes dieser Felder gegeben und gezeigt, wie etwa die elektrischen Kraftlinien im Moment der Aufladung sich zwischen den beiden Oszillatorhälften erstrecken oder wie beim Strömen der Elektrizität die magnetischen Kraftlinien die Oszillatorhälften ringförmig umgeben. In diesem Kapitel ist es erforderlich, die zeitliche Änderung dieser Felder genauer zu betrachten und vor allem auch die weitere Umgebung des Oszillators mit in das Bereich der Betrachtung zu ziehen.

Zu diesem Zwecke sollen im folgenden an einigen primitiven Skizzen die charakteristischen Momente — und zwar zunächst des elektrischen Wechselfeldes — graphisch dargestellt werden. Abbildung 104 a stellt so entsprechend der früheren Abbildung 95 b das elektrische Feld um den aufgeladenen Oszillator vor. Die Kraftlinien entspringen dort, wo positive Ladung vorhanden ist und münden ein, wo negative Ladung vorhanden ist. Es sei jetzt der Moment gegeben, in dem ein Funkenstreckendurchschlag erfolgt und die entgegengesetzten Ladungen aufeinander zuwandern. Die Fusspunkte der Kraftlinien bewegen sich aufeinander zu (Abb. 104 b). Die nächste Skizze hält den Augenblick fest, in dem sich die Ladungen gerade auf die entgegengesetzten Oszillatorhälften begeben haben. Das hat zur Folge, dass sich die Kraftlinien gewissermassen überkreuzen. Hierbei tritt nun die sehr bemerkenswerte Tatsache ein, dass an dieser Kreuzungsstelle eine Abtrennung der geschlossenen Kraftlinienschleife erfolgt; sie schnürt sich ab und wird infolge des Querdruckes nach aussen

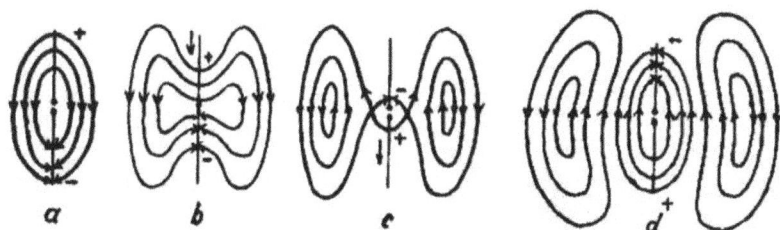

Abb. 104. Elektrisches Feld um einen linearen Oszillator.

getrieben. In der Zwischenzeit ist der auf der anderen Seite von der Abschnürungsstelle liegende Bogen mit seinen Fusspunkten weiter nach oben gewandert und hat bis auf eine Umkehr der Pfeilrichtung dieselbe Lage, die am Ausgangspunkt der Betrachtung angenommen war. Der ganze Prozess kann sich jetzt wiederholen; nach der abermaligen Überkreuzung wird ein zweiter Kraftlinienwirbel abgeschnürt, der hinter dem ersten mit entgegengesetztem Pfeilumlaufssinn hereilt usf.

Zur Ausbildung des ursprünglichen Kraftfeldes war ein bestimmter Energiebetrag erforderlich. Ein Teil dieser Energie, der innerhalb der jedesmaligen Abschnürungszone liegt, bleibt dem System erhalten. Der Betrag aber, den die abgeschnürten Ringe repräsentieren, wird weggenommen und nach aussen in den Raum gestrahlt. In diesem Raum zwischen dem Oszillator und der Abschnürungszone strömt die Energie bald von dem Oszillator weg, bald auf ihn zu. Jedesmal strömt allerdings ein grösserer Betrag an Energie aus, als dann zurückkehrt. Jenseits aber der Abschnürungszone, von der die Kraftlinienringe sich immer mehr nach oben und unten weitend mit Lichtgeschwin-

digkeit nach aussen treten, hat der Energiestrom nur die eine
vom Oszillator wegführende Richtung.

Dieser Umstand, dass zwischen dem Raum in nächster
Umgebung eines Oszillators und dem in grösserer Entfernung
hinsichtlich der Energieströmung ein prinzipieller Unterschied
besteht, muss auch bei der Radiotelegraphie beachtet werden

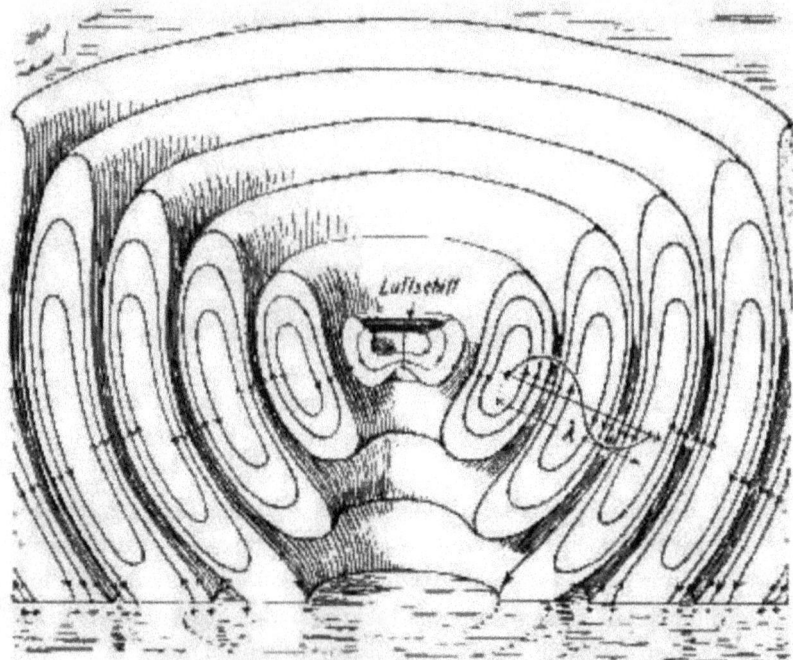

Abb. 105. Elektrisches Feld um einen Luftschiffsender.

Der Ausdruck: „nächste Umgebung" ist dabei richtig zu verstehen. Wenn es sich um die Ausstrahlung sehr langer Wellen
handelt, so kann die kritische Zone in mehreren Kilometern
Abstand vom Oszillator liegen.

Nach dem Gesagten wird es nicht schwer sein, sich von
dem Kraftlinienverlauf des elektrischen Feldes, welches von
einer Luftschiffsendestation ausgestrahlt wird, eine Vorstellung
zu machen. In Abbildung 105 ist dieser Fall skizziert. Es ist
angenommen, dass das Luftschiff mit relativ kurzen Wellen,

solchen von nur einigen hundert Metern Wellenlänge, gibt.
Selbst wenn das Luftschiff in grosser Höhe fährt, gelangen die
Kraftlinienwirbel in geringem seitlichen Abstand zum Boden und
es bleibt nur ein kleiner kegelförmiger Raum unter dem Luftschiff, der nicht oder doch nur schwach von den Wellen durchsetzt wird; in welchem eine Empfangstation also auch nicht
ansprechen würde. Definitionsgemäss versteht man unter Wellenlänge den Abstand zwischen gleichen Schwingungszuständen.
Ein derartiger Abstand zwischen zwei Stellen, an denen das
elektrische Feld einmal den Wert Null, dann positive Werte,
wieder Null, dann negative Werte hat, ist in der Figur ein-
getragen.

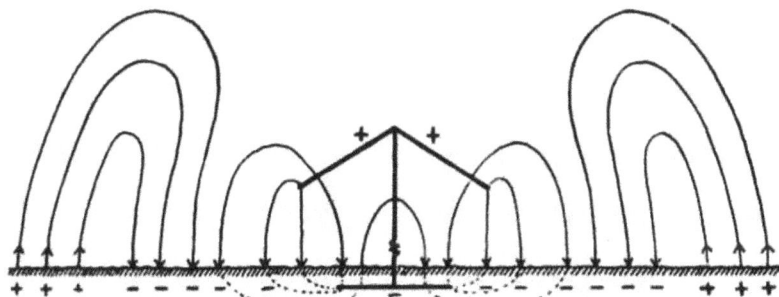

Abb. 106. Elektrisches Feld um eine Schirmantenne.

Dort wo die Kraftlinien auf den Boden stossen, werden
entsprechende Ladungen induziert; wo Kraftlinien münden,
negativen Vorzeichens, von wo sie weggerichtet sind, positiven
Vorzeichens. Ausser den Raumwellen in der Atmosphäre breiten
sich also auf der Erde entsprechende Oberflächenwellen aus.

Da es die räumliche Anschaulichkeit erhöhen kann, ist Abbildung 105 so gezeichnet, als ob die Kraftlinienwirbel materiell
kompakt wären. Diese Skizze mit ihren Schlagschatten darf
natürlich nicht falsch gedeutet werden.

Um auch eine Anschauung von dem Verlauf des elektrischen
Feldes um die Antenne einer Sendestation auf dem Lande zu
geben, zeigt Abbildung 106 das Strahlungsfeld um eine Schirmantenne. Bei einer Landstation spielen die Bodenverhältnisse
in unmittelbarer Nähe der Antenne und die Frage, ob und

wie die Antenne geerdnet ist, wie das Gegengewicht verspannt ist, hinsichtlich der Energieabsorption eine Rolle. Wenn beispielsweise (Zenneck) die Erdung durch eine verhältnismässig kleine Platte erfolgt und in der Nähe der Antenne der Boden geringe Leitfähigkeit hat, so erzeugen die im Boden verlaufenden Kraftlinien eine elektrische Strömung gegen hohen Widerstand. Dadurch kann ein nicht unbeträchtlicher Teil der Feldenergie vernichtet werden. Besser ist in dem Falle die Verspannung eines weitreichenden Gegengewichtes, welches bei hinreichender Isolation vom Boden das Auftreten derartiger Erdströme ausschliesst. Bei gut leitendem Boden, namentlich Seewasser stehen auch in grosser Entfernung vom Sender die

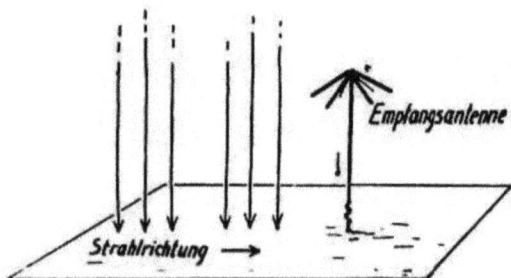

Abb. 107. Empfangsantenne wird von elektrischen Kraftlinien getroffen.

elektrischen Kraftlinien senkrecht auf der Erdoberfläche. Bei schlecht leitendem Boden treten je nach der Dielektrizitätskonstante und Leitfähigkeit des Untergrundes, der Wellenlänge usf. Komplikationen auf (Zenneck, Sommerfeld).

Liegt in der Bahn der Kraftlinien ein vertikaler Leiter, so muss in diesem, der Feldrichtung entsprechend, eine Strömung auftreten (Abb. 107). Da beim Fortschreiten der Wellen sich die Feldrichtung periodisch ändert, so wird in dem Leiter ein periodischer Wechselstrom derselben Frequenz fliessen müssen. Diese Ströme werden besonders lebhaft auftreten können, wenn dieser Leiter — etwa als Empfangsantenne — elektrisch auf die fragliche Wellenlänge abgestimmt ist.

Magnetisches Wechselfeld. Jedesmal in dem Moment, in welchem im Oszillator ein elektrischer Strom fliesst, bilden sich um die Strombahn Kreise magnetischer Kraft aus. In Abbildung 108 ist entsprechend Abb. 104 angedeutet, wie diese Ringe sich nach aussen weiten und wie die Feldrichtung

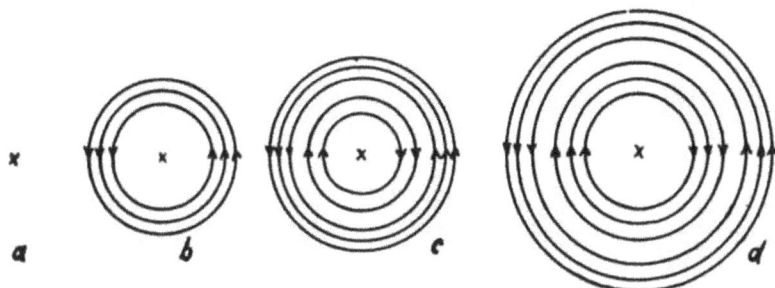

Abb. 108. Magnetisches Feld um einen linearen Oszillator.

periodisch ihr Vorzeichen ändert. Schneiden diese Kraftlinien einen vertikalen Leiter, so muss in diesem eine elektromotorische Kraft induziert werden (Abb. 109). Da die Kraft-

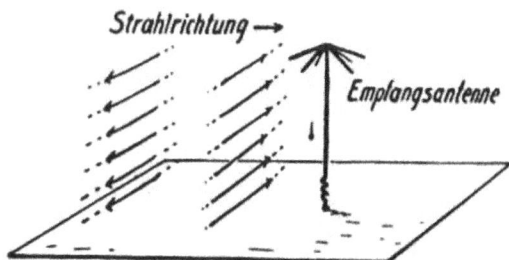

Abb. 109. Empfangsantenne wird von magnetischen Kraftlinien getroffen.

linienrichtung sich periodisch ändert, so müssen in dem gleichen Rhythmus wechselnde elektromotorische Kräfte auftreten. Die Induktionswirkung wird ihr Maximum erreichen, wenn der Leiter auf die Periode der Feldänderung abgestimmt ist.

Für das Verständnis des Auftretens von hochfrequenten Wechselströmen in einer Empfangsantenne ist es also ganz gleichgültig, ob man den Einfluss des elektrischen oder des magnetischen Feldes auf die Leiterbahn ins Auge fasst. Es ist das ein Ausdruck für die Tatsache, dass zwischen den elektrischen und den magnetischen Erscheinungen bei der Strahlung ein ganz inniger und unlöslicher Zusammenhang besteht.

Elektromagnetische Wellen. In einem Punkt, den man entfernt von einem vertikalen Sender etwa in der Nähe der Erdoberfläche annimmt, herrscht zu einer gegebenen Zeit ein bestimmter Wert des **elektrischen Feldes** mit vertikaler Erstreckung und ebenso ein bestimmter Wert des **magnetischen Feldes** mit horizontaler Erstreckung.

Wollte man den elektrischen Feldwert **berechnen** unter der Annahme, dass das elektrische Feld verursacht sei durch eine dem momentanen Ladungszustand des Oszillators entsprechende **Dauerladung**; wollte man also gewissermassen die Gesetze der ruhenden Elektrizität gelten lassen, so würde man finden, dass in grossem Abstand vom Sender bald nur noch verschwindend kleine Feldstärken herrschen dürften. Ebenso wie bekanntlich die magnetische Feldstärke senkrecht zur Achse eines Stabmagneten mit der **dritten Potenz** des Abstandes abnimmt, würde auch hier in der zu dem Oszillator entsprechend gelegenen Ebene das elektrische Feld mit der dritten Potenz, also nach ausserordentlich geringen Entfernungen verschwindend klein werden.

Auch das magnetische Feld würde, da es sich im Oszillator nicht um einen unendlich langen Leiter handelt, verhältnismässig rasch und mit dem Quadrat des Abstandes abnehmen, wenn man es von einem **dauernd** fliessenden Gleichstrom entstanden denkt. Immerhin würde bis zu einem gewissen rohen Grade eine derartige Berechnungsmethode Geltung haben dürfen für Punkte, die sich in sehr geringem Abstand vom Sender befinden. Für entfernt gelegene Punkte aber würde sie, wie ja auch nach den bisherigen Betrachtungen über die Abschnürung der Kraftlinienringe zu erwarten ist, zu völlig falschen Resultaten führen, sie vernachlässigt ganz die fundamentale Tatsache, dass jedes elektrische Wechselfeld im Dielektrikum — gleichgültig wie es entstanden ist — ein magnetisches Wechselfeld erzeugt und gleichfalls jedes magnetische Wechselfeld ohne Rücksicht auf seine Herkunft ein elektrisches Wechselfeld zur Folge hat (Maxwell). Ändert sich in Abbildung 110 a **zeitlich** in dem gedachten Ring die Stärke der elektrischen Verschiebung E, so ist damit senkrecht durch die Ringfläche eine räumliche Änderung der magnetischen Feldstärke gegeben. Und umgekehrt tritt in der magnetischen Kraft von Abbildung 110b eine zeitliche Änderung ein, so hat sie eine räumliche Änderung der elektrischen Kraft zur Folge. Zu den von der Antenne selbst ausgehenden magnetischen Feldern kommen also jeweils die von den veränderlichen elektrischen Feldern erzeugten Beträge hinzu, wie andererseits die wechselnden magnetischen Felder eine elektrische Feldkomponente erzeugen. So kompliziert diese Verhältnisse klingen, so einfach werden trotzdem die resultierenden Erscheinungen in grösserer Entfernung vom Oszil-

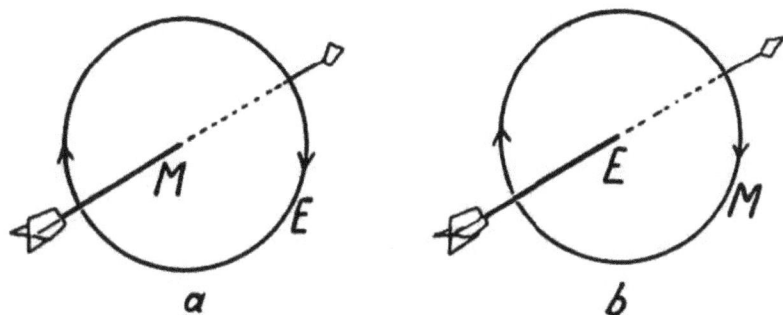

Abb. 110. Verknüpfung zwischen elektrischer und magnetischer Verschiebung.

lator, dort, wohin nur die von diesem gegenseitigen Wechselspiel getragenen Wirkungen dringen. Hier nimmt, wenn es sich also um reine elektromagnetische Strahlung handelt, der Betrag der Amplituden der magnetischen und elektrischen Feldintensität einfach proportional mit der Entfernung vom Oszillator ab. Das Maximum der magnetischen Kraft tritt an jedem Punkt gleichzeitig auf mit dem Maximum der elektrischen Kraft. Beide stehen senkrecht aufeinander und senkrecht zur Ausbreitungsrichtung der Störung, also zur Strahlrichtung. Abbildung 111 zeigt die gegenseitige Zuordnung der Richtungen. Schreitet die Welle von links nach rechts fort, so ist an einer Stelle, an der die elektrische Kraft nach oben gerichtet ist, die magnetische Kraft nach vorn gerichtet. Ändert dann die elektrische Kraft ihre

Stärke und durch Null ihr Vorzeichen, so sinkt in demselben
Maße die magnetische Feldstärke und kehrt ihre Richtung um.
Diese reinen elektromagnetischen Wellen, die einem Medium,
dessen Dielektrizitätskonstante und Permeabilität je gleich 1 ist,

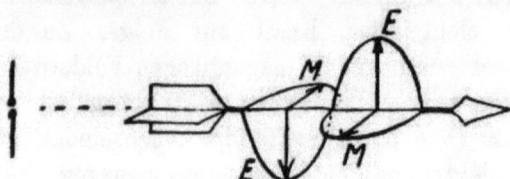

Abb. 111. Lage des elektrischen und magnetischen Vektors zur Strahlrichtung.

mit Lichtgeschwindigkeit dahinwogen, transportieren in ihrer
Strahlrichtung einen Energiebetrag, der jeweils dem Produkt
aus elektrischer und magnetischer Feldstärke einfach proportional anzunehmen ist (Poynting). Der durch eine bestimmte
Fläche senkrecht zur Strahlrichtung tretende Betrag an Energie
nimmt quadratisch mit der Entfernung ab.

Der Gesamtbetrag der transportierten Energie hat sich ursprünglich mit den elektrischen Kraftlinienringen vom Oszillator abgetrennt. Ein Teilbetrag erreicht, nachdem er einige
wenn auch für unsere Sinne sehr kurze Zeit unterwegs war, die
Empfangsantenne und erzeugt in ihr elektrische Schwingungen
oder, wenn sie abgestimmt war, stehende elektrische Wellen.
Reicht die erzeugte Stromstärke aus, die Apparate der Empfangsanordnung, die natürlich einen gewissen Schwellenwert besitzen,
sicher zum Ansprechen zu bringen, so ist ein, für die Zwecke
der drahtlostelegraphischen Verständigung genügender Bruchteil
an Energie übertragen worden.

Reichweite. Wenn man eine gut leitende Erdoberfläche
annimmt und von einer etwaigen Energieabsorption in der
Atmosphäre oder zwischenliegenden Objekten absieht, so kann
man den Betrag der von einer strahlenden Antenne herrührenden Feldstärke $\mathfrak{E}$ berechnen. Die elektrische Feldstärke in Volt
pro Meter hat im Abstand r Meter auf der Erdoberfläche den
Betrag:

$$\mathfrak{E} = 120 \, \pi \, \frac{h_{\text{eff}_1} \, J_1}{\lambda \, r} \text{ Volt} \quad . \quad . \quad . \quad . \quad 68)$$

worin J_1 den Stromwert im Strombauch der Antenne in Ampère, λ die Wellenlänge in Meter und h_{eff_1} die sogenannte effektive Antennenhöhe in Meter bedeutet. Der Begriff dieser Antennenhöhe (Abraham, Barkhausen, Austin) folgt aus den geometrischen Abmessungen der Antenne.

Es handle sich beispielsweise um eine als Viertelwelle schwingende Linearantenne, die auch als Luftschiffantenne montiert sein kann (Abb. 112a und b). An dieser nimmt die Stromverteilung von der Erregerstelle sinusförmig ab, so dass am Ende der Antenne der Stromwert Null herrscht. Die Wirkung dieser Antenne kann man sich ersetzt denken durch eine solche von geringerer Höhe, in der überall gleichmässig derselbe Strom fliesst, wie an der Erregungsstelle. Man erhält die Höhe dieser gedachten Antenne, wenn man die Höhe des Rechteckes sucht, das bei gleicher Grundlinie denselben Inhalt hat, wie die schraffierte Fläche. Bedeutet h die Höhe der tatsächlichen Antenne, so hat die Höhe dieses Rechteckes, die gleich dem gesuchten h_{eff} ist, im gedachten Fall den Wert:

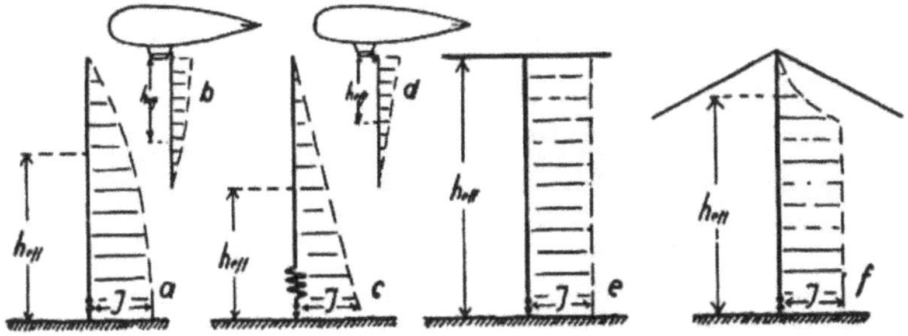

Abb. 112. Effektive Antennenhöhe.

$$\left(\begin{array}{c} \text{Linearantenne} \\ \text{als Viertelwelle} \end{array} \right) \quad h_{\text{eff}} = 0{,}636 \, h \quad . \quad . \quad . \quad . \quad 70)$$

Wird die Antenne durch Einschaltung von Verlängerungsspulen zur Ausstrahlung längerer Wellen benutzt, so nimmt (Abb. 112c und d) die Stromverteilung nahezu linear ab und es gilt:

$$\left(\begin{array}{c}\text{Linearantenne}\\\text{mit Verlängerungsspule}\end{array}\right) \quad h_{\text{eff}} = 0{,}5\,h \quad \ldots \quad 71)$$

Bei einer Schiffsantenne, deren horizontaler Teil hinreichende Kapazität besitzt (Abb. 112c) liegt der Fall besonders einfach. Hier ist an sich die Stromstärke längs der ganzen Höhe fast konstant.

$$\text{(Schiffsantenne)} \quad h_{\text{eff}} = h \quad \ldots \ldots \quad 72)$$

Bei einer Schirmantenne (Abb. 112f) liegen die Verhältnisse der abwärtsgerichteten Schirmdrähte wegen wieder etwas schwieriger, da je nach ihrer Zahl die pro Draht vorhandene abwärtsgerichtete Stromstärke verschieden sein muss. Da aber die Formel auch nur für Überschlagsrechnungen verwendet wird, genügt es für h_{eff}, einen aus den Verhältnissen abgeschätzten Wert einzusetzen, der etwa zwischen 0,6 und 0,9 h liegt.

Da es von Interesse ist, die Grössenordnung zu kennen, welche die von einer Radiostation in gewissem Abstand erzeugte elektrische Feldstärke besitzt, so sei an einem einfachen Fall die Berechnung durchgeführt.

Von einer 45 m hohen Schiffsantenne werde mit 24,0 Ampère Antennenstromstärke und einer Wellenlänge von 1885 m gegeben. Wie gross ist die elektrische Feldstärke in 200 km Entfernung? Nach Formel 69) ist:

$$\mathfrak{E} = 120\,\pi \,\frac{45 \cdot 24}{1885 \cdot 200 \cdot 10^3} = 377 \,\frac{1080}{377 \times 10^6} \quad \text{oder}$$

$$\mathfrak{E} = 1{,}08 \times 10^{-3} \,\frac{\text{Volt}}{\text{Meter}}.$$

In 200 km Abstand vom Sender tritt also beim Durchgang der Maximalamplitude pro Meter Höhenunterschied eine Spannungsdifferenz von reichlich ein Tausendstel Volt auf.

Ist die Empfangsantenne auf die Sendeantenne abgestimmt, so lassen sich die in ihr auftretenden Ströme einfach nach dem Ohmschen Gesetz berechnen. Die elektromotorische Kraft längs der Antennenstrombahn ist gleich $\mathfrak{E} \times h_{\text{eff}_2}$ anzusetzen, wobei h_{eff_2} die „effektive Höhe" der Empfangsantenne bedeutet. Es gilt dann:

$$J_2 = \frac{\mathfrak{E} \times h_{eff2}}{W_2} \quad \ldots \ldots \quad 73)$$

W_2 stellt dabei den Antennenwiderstand vor.

Um das vorige Beispiel zu ergänzen, sei angenommen, dass in den zugrunde gelegten 200 km Abstand von der Sendestation ein Luftschiff fahre. Seine relativ geringe Flughöhe von nur einigen hundert Metern gestattet es, dass die Formeln, die eigentlich nur für einen Punkt in der Nähe der Erdoberfläche gelten, auch für seine Antenne ohne grossen Fehler angewendet werden dürfen.

Es seien etwa 100 m Kabel als Antenne ausgegeben; h_{eff2} betrage also etwa 50 m; der Antennenwiderstand möge zu 25 Ohm angenommen sein. Dann ist nach Formel 73)

$$J_2 = \frac{1,08^{-8} \times 50}{25}$$

oder $\qquad J_2 = 2,16 \times 10^{-8}$ Ampère.

Das heisst: reichlich zwei Milliampère Stromstärke werden maximal im Strombauch der Antenne auftreten.

Für die Praxis ist es vorteilhaft, Formel 69 und 73 zu vereinen, damit man unmittelbar aus dem Produkt der beiden effektiven Antennenhöhen Sendestromstärke, Wellenlänge, Widerstand der Empfangsantenne und Abstand den Empfangsstrom berechnen kann. Es ergibt sich durch Substitution von $\mathfrak{E}$ aus 69 in 73)

$$J_2 = \frac{377\, h_{eff1}\, h_{eff2}\, J_1}{W_2 \lambda r} \quad \ldots \ldots \quad 74)$$

Die Reichweite r einer Sendestation in bezug auf eine bestimmte Empfangsstation ist dadurch gegeben, dass J_2 mindestens den zur Betätigung des Indikators erforderlichen Wert besitzt. Kennt man diesen Schwellenwert, so kann man ihn in Gleichung 74 einsetzen und nach r auflösen, um die äusserste Reichweite zu berechnen. In dieser nur für Näherungsrechnung bestimmten Formel 74) ist die Energieabsorption des Zwischenmittels und die Dämpfung der beiden Antennen nicht berücksichtigt. Für etwaige Kontrollmessungen der Absorption muss man die folgende erweiterte Formel benutzen.

10*

$$J_{e2} = \frac{377}{W_2 \sqrt{1+\frac{b_1}{b_2}}} \, \frac{h_{e f1} \cdot h_{e f2}}{\lambda \, r} \, J_{e2} \, e^{-\frac{\alpha \, r}{\sqrt{\lambda}}} \quad \text{Ampère} \quad \cdot \cdot \; 75)$$

worin b_1 und b_2 die logarithmischen Dekremente der Sende- und Empfangsantenne und α den Absorptions-Koeffizienten des Zwischenmittels bedeutet.

Gerichtete Antennen. Unbeabsichtigt oder beabsichtigt können durch Dissymetrien in der Verspannung der Antenne, des Gegengewichtes oder durch verschiedene Leitfähigkeit des Untergrundes bestimmte Richtungen für die Aussendung oder den Empfang der Wellen begünstigt, andere benachteiligt sein. Besonders erwähnenswert sind hier neben den „geknickten" einseitig horizontal geführten Antennen Marconis sowie der in Deutschland nicht üblichen Antennen nach Bellini Tosi die Erdantennen von Kiebitz sowie die Antennenpaare von Telefunken (vergl. Telefunkenkompass).

Luftelektrische Störungen. Die Atmosphäre ist nicht das ideale homogene Dielektrikum, als das es in den bisherigen Erörterungen stets angenommen war. Die rein meteorologischen Faktoren, Temperatur, Luftdruck, Windgeschwindigkeit usf. sind allerdings für drahtlostelegraphische Fragen unmittelbar belanglos, Feuchtigkeit kann höchstens insoweit von Einfluss werden, als sie den Isolationszustand der im Freien verspannten Leiter beeinträchtigt. Dagegen bilden eine Reihe von luftelektrischen Erscheinungen die Quelle zum Teil recht unliebsamer Störungen des drahtlostelegraphischen Betriebes.

Die eine dieser Störungen ist die schon oben angedeutete Reichweitenänderung. Es hat den Anschein, als ob die ultraviolette Strahlung der Sonne oder eine von der Sonne ausgehende elektrische Strahlung die höheren Schichten der Atmosphäre ionisiere. Die hierdurch auftretenden erheblichen Werte der elektrischen Leitfähigkeit wirken absorbierend auf die von den Antennen ausgestrahlte Energie. Für Stationen, deren Abstand im Verhältnis zur Höhe der Atmosphäre in Frage kommt, kann die Reichweite untertags ganz erheblich viel kleiner werden als nachts. Der Absorptionskoeffizient α von Formel 75) hat also periodisch schwankende Werte mit einem sehr ausgesprochenen Minimum um Mitternacht. Es scheint, als ob am Tage die Benutzung längerer Wellen, nachts die kürzerer Wellen für die Energieübermittelung am günstigsten sei.

Eine andere Störung, die auf luftelektrische Ursachen zurückgeht, ist die sogenannte Empfangsstörung.

Gerade so wie die Atmosphäre Sitz eines magnetischen Feldes ist, ist sie auch Sitz eines elektrischen Feldes. Die Erde erscheint negativ geladen gegenüber der Atmosphäre. Die Kraftlinien des erdelektrischen Feldes münden zum Teil auch auf den Antennen. Da der Luft infolge der Ionisation durch die radioaktiven Substanzen des Erdbodens stets eine gewisse, wenn auch sehr schwache elektrische Leitfähigkeit zukommt, so sind diese Kraftlinien gleichzeitig die Strömungslinien des aus der Antenne gegen Erde gerichteten vertikalen Leitungsstromes. In der Erdleitung der Antenne fliesst ein Strom, der um so grösser ist, je grösser der Antennenluftquerschnitt ist, d. h. je mehr Stromfäden auf der Antenne münden. Nun sind aber die Antennen elektrisch schwingungsfähige Systeme und alle durch Potentialschwankungen bedingten Gleichgewichtsstörungen müssen sich oszillatorisch ausgleichen. Dabei ist es gleichgültig, ob die äusseren Potentialschwankungen lediglich Ladungsverteilungen hervorrufen, es sich also um Influenzerscheinungen handelt oder ob direkt elektrische Ladungen in wechelnder Stärke zwischen Atmosphäre und Antenne ausgetauscht werden.

In jedem Falle kommen in den mit der Antenne gekoppelten Empfangsorganen, die im allgemeinen lediglich ein Reagens für schnelle Schwingungen vorstellen, Wirkungen zustande, die denen ähnlich sind, welche bei regulärem Empfang auftreten.

Arbeitet die Station mit Hörempfänger, so äusserst sich die Empfangsstörung durch einen wechselnden rauschenden, gelegentlich knackenden Ton im Telephonhörer. Das knackende, wohl von Ferngewittern verursachte Geräusch bleibt merkwürdiger Weise während des Sonnenauf- und Unterganges aus. Gibt die Gegenstation mit „tönenden Funken", so gelingt es dem geübten

Ohr, den musikalischen Klang der Zeichen aus dem Rauschen herauszuhören. Ist bei gewissen Wetterlagen „viel Luftelektrizität" da, übertrifft die Lautstärke der Störung selbst bei loser Koppelung des Empfängers noch die Lautstärke der ankommenden Zeichen erheblich, so gestaltet sich der Empfang, trotzdem an sich genug Energie ankommt, ausserordentlich schwierig. Im Luftschiff scheint die Empfangsstörung nicht stark aufzutreten.

Bei Nahgewitter kann die Antennenleitung sehr starke atmosphärische Entladungen führen. Man schaltet deshalb in die Antennenleitung, bevor sie in das Stationshaus mündet, einen Blitzschutzapparat ein, der aus einer entsprechend eingestellten Funkenstrecke besteht. Der Blitz durchschlägt lieber den direkt gegen Erde gebotenen Weg, ehe er den gewundenen Strombahnen der Apparatanordnung folgt.

VII. Kapitel.
Wellenempfindliche Anordnungen.

Wenn in dem Bereich der von einer Sendestation ausgestrahlten elektromagnetischen Wellen die Luftleiteranordnung einer Empfangsstation liegt, so werden in ihrer Leitungsbahn Hochfrequenzströme induziert. Es entstehen stehende Wellen und maximale Wirkungen für den Fall die Antenne auf die ankommenden Wellen elektrisch abgestimmt ist.

Es handelt sich nun darum, die Anordnungen zu erörtern, die den Nachweis schneller Schwingungen in den Antennen oder den mit ihnen gekoppelten Kondensatorkreisen möglich machen. Man bezeichnet diese auf schwache Hochfrequenzerregung reagierenden Organe im Gegensatz zu der ganzen im Stationsraum untergebrachten Empfangsanordnung mit ihren Abstimmapparaten auf der Hochfrequenzseite, ihren Telephonen, Galvanometern usf. auf der Gleich- oder Wechselstromseite mit dem Sammelnamen Indikatoren oder Detektoren. Die Zahl der verschiedenen Detektorprinzipien und der bei uns und im Ausland erdachten Ausführungsformen ist überraschend gross.

Einige dieser Empfangsorgane reagieren auf eine einzelne Bestimmungsgrösse der Schwingungen. Sie stellen etwa nach Art eines äusserst empfindlichen Voltmeters, Amperemeters oder Wattmeters ein Reagens auf den auftretenden maximalen Spannungswert, Stromwert oder die übermittelte Energie vor. An anderen ist eine derartig ausgesprochene Spezialisierung nicht scharf erkennbar. Während dabei eine Klasse von Detektoren unmittelbar Energietransformatoren vorstellt, die ohne Zuführung von Hilfsenergie die angekommenen Schwingungsenergie direkt in Ströme von Gleich- oder Welchselstromcharakter umwandelt und dem Anzeigeapparat zuführt, brauchen die anderen Detektoren Hilfsenergie. Sie beeinflussen beispielsweise nur den Betrag des Widerstandes einer mehr oder weniger losen Kontaktstelle oder eines Teiles der Strombahn. Aber auch hier ist die Grenze oftmals nicht scharf zu ziehen. Im

Abb. 113. Kohärer.

folgenden wird nur eine beschränkte Anzahl der für die Praxis besonders bemerkenswerten Detektortypen aufgeführt werden.

Kohärer oder Fritter. Der Kohärer (Branly) besteht aus zwei in einer Röhre angeordneten Metallelektroden, zwischen denen lose Metallspäne eingeschlossen sind (Abb. 113). Eine derartige Feilichtröhre repräsentiert in einem Gleichstromkreis wegen des schlechten Kontaktes zwischen Metallteilchen und Elektroden, sowie der Metallteilchen unter sich einen hohen Ohmschen Widerstand. Treten zwischen den Elektroden Hochfrequenzspannungen auf, so durchschlagen diese die Trennungsschichten und geben dem Gleichstrom bequeme Bahn. Die — wenn auch geringen — Stromstärken schmelzen oder „fritten" dabei offenbar die Kontaktstellen aneinander, denn der einmal gut leitend gewordene Kohärer bleibt leitend, wenn man nicht durch mechanische Erschütterung die Teilchen aus einander klopft. Um den Kohärer nicht durch Überlastung un-

brauchbar zu machen, darf man in ihm nur einen äusserst
schwachen Gleichstrom schliessen. Man lässt den Kohärerstrom
deshalb auf ein empfindliches Relais wirken und schaltet erst
so den zum Betrieb eines Läutewerkes, eines Morseschreibers
usf. geeigneten Strom einer stärkeren Batterie ein. Abbildung 114
zeigt ein geeignetes Schaltschema. Sobald der Kohärer F erregt wird, schickt das kleine Element E einen schwachen Strom
durch die Wickelungen des Relais R. Der Relaisanker wird an-

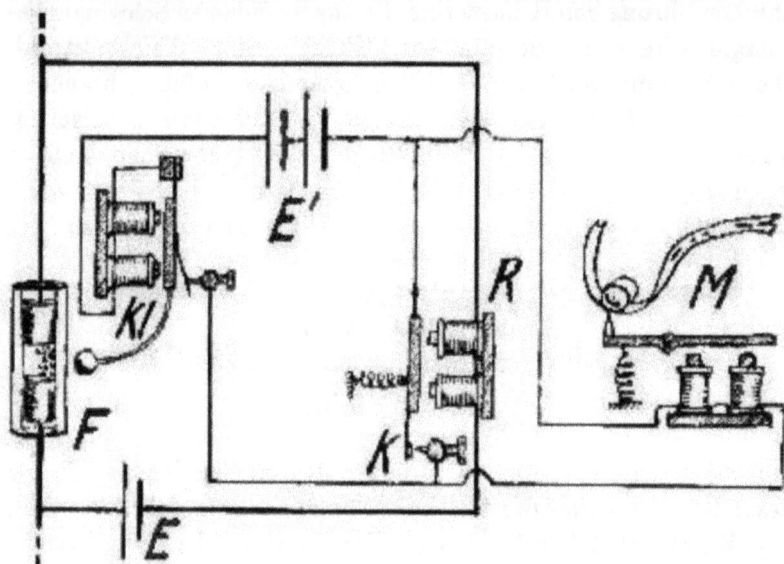

Abb. 114. Kohärerkreis mit Relais und Klopfer.

gezogen, stellt bei K Kontakt her und schliesst so einen
zweiten Stromkreis, der von den Elementen E' gespeist wird.
Ein Teil dieses Stromes betätigt den Klopfer Kl, welcher den
Kohärer wieder in seinen nichtleitenden Zustand zurückbringt,
ein anderer Teil speist den zur Telegrammaufnahme bestimmten
Apparat, also beispielsweise den Morseschreiber M. Der Kohärer
spricht an auf die maximale Spannungsamplitude der vorliegenden Schwingung. Der gesamte Schwingungsverlauf jeder
Serie nach der grössten Spannungsamplitude ist für sein Verhalten belanglos.

Graphitkohärer. .Bedeutend empfindlicher, aber auch in fast noch stärkerem Grade zu gelegentlichen Launen geneigt, ist der Graphitkohärer (Köpsel). Wie Abbildung 115 zeigt, besteht er aus einer Kontaktstelle zwischen einem Graphit-
stift G und einer Stahlplatte S,
deren gegenseitiger Druck durch
zwei Einstellschrauben fein ein-
reguliert werden kann. Für das
richtige Ansprechen ist eine geeignete Hilfsspannung erforderlich, die nach Abbildung 116
der Kontaktstelle in Potentiometerschaltung zugeführt wird.
In die Leitung ist gleichzeitig
ein Telephonhörer eingeschaltet.
Der Graphitkohärer hat die An-

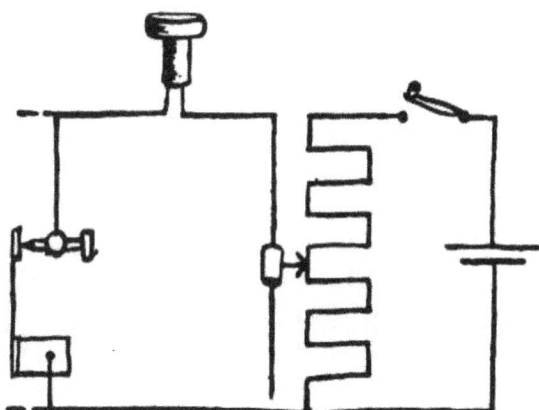

Abb. 115. Graphitkohärer.

nehmlichkeit, dass er nicht durch Klopfen entfrittet werden muss; er geht, wenn der Wellenzug vorüber ist, von selbst wieder in seinen ursprünglichen Zustand zurück. Das Passieren

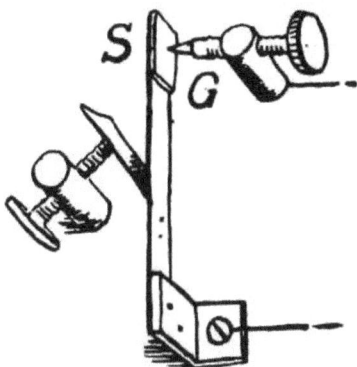

Abb. 116. Schaltschema für Graphitkohärer.

jeder Wellenserie erzeugt in dem Telephonhöhrer ein Knacken. Man hört also bei Empfang ein Geräusch, das von der Funken-folge der Sendestation abhängt. Ein Relais kann durch den Graphitkohärer kaum betätigt werden.

Elekrolytischer Detektor. Wohl ebenso empfindlich wie der Graphitkohärer, wie dieser nur zu telephonischem Nachweis der Schwingungen geeignet, aber erheblich zuverlässiger arbeitet der elektrolytische Detektor (Schlömilch). In ein kleines mit verdünnter Schwefelsäure gefülltes Gefäss (Abb. 117) tauchen zwei Platinelektroden ein. Die eine besteht aus einem Blech oder Draht von beliebig grosser Oberfläche, die andere ist ganz in ein Glasrohr eingeschmolzen, so dass sie nur mit einem äusserst kleinen Oberflächenbetrag mit der Flüssigkeit in Berührung kommt. Der Platindraht darf nur etwa 0,001 mm Durchmesser besitzen und nicht mehr als 0,01 mm aus dem Glasrohr her-

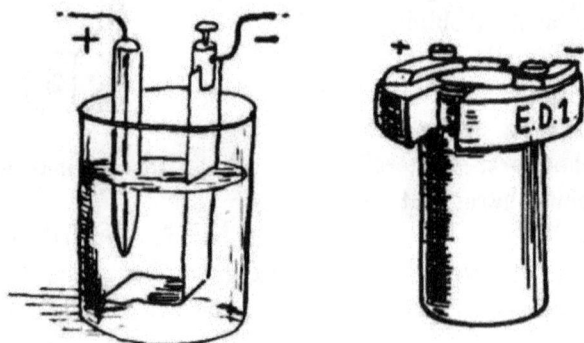

Abb. 117. Schlömilchzelle.

vorragen. Diese Schlömilchzelle wird genau wie der Graphitkohärer mit einem Telephonhörer in Serie an ein Potentiometer gelegt (Abb. 118). Durch die richtig einregulierte Hilfsspannung wird die Zelle ähnlich wie etwa ein kleiner Akkumulator aufgeladen. Die Elektroden überziehen sich mit einer gasförmigen Polarisationsschicht, so dass eine „Gegenelektromotorische Kraft" auftritt. Infolge der ausserordentlich geringen Oberfläche der mit dem positiven Pol des Potentiometers verbundenen Elektrode, der Anode, genügt die Stromdichte der entgegengesetzten Phase des Hochfrequenzstromes, die Polarisationsschicht zu zerstören. Für kurze Zeit wird die Zelle für Gleichstrom passierbar, sobald aber die Schwingungen abgeklungen sind, polarisiert sich die Anode von neuem und macht die Zelle wieder empfangsbereit. Kräftige Hochfrequenzströme erzeugen einen relativ kräftigen Telephonstrom, schwache Hochfrequenzströme beeinflussen sie im Verhältnis schwächer. Die Empfindlichkeit der Zelle ist am grössten, wenn die Potentiometerstellung so gewählt wird, dass die Batteriespannung die Polarisationsgegenspannung gerade überwindet und man im Telephonhörer ein leises Rauschen von sich langsam ablösenden Gasperlen hört.

Thermodetektor. Als Empfangsorgan der neueren radiotelegraphischen Systeme kommt gegenwärtig fast ausschliesslich der Thermodetektor in Frage. Er beruht, wie das auf

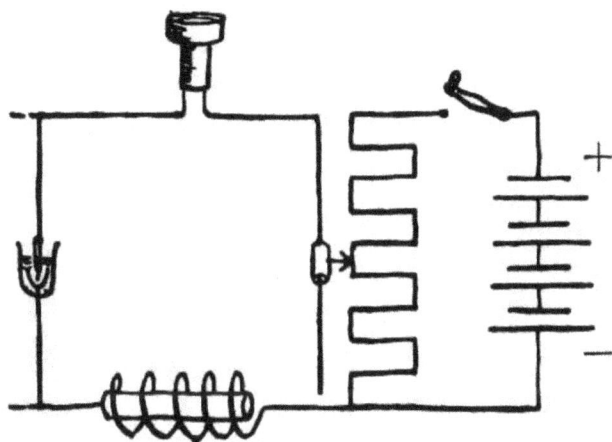

Abb. 118. Schaltschema für Schlömilchzelle.

Seite 21 beschriebene Brandessche Thermoelement, darauf, dass die Hochfrequenzenergie die Berührungsstelle zweier verschiedenen Substanzen heizt. Der auftretende Thermostrom kann dann dem Telephonhörer oder einem empfindlichen Saitengalvanometer zugeführt werden. Da die Thermodetektoren direkt die angekommene Energie umformen, benötigen sie keiner Hilfsbatterie. Jede einzelne Schwingung trägt etwas zur Heizung der Berührungsstelle und damit für die Stärke des entstehenden Thermostromes bei. Die einzelnen Impulse summieren sich für die Wirkung, man nennt deshalb diese Detektoren auch „integrierende" Detektoren. Hinsichtlich der verwendeten Kontaktmaterialien und ihrer Anordnung besteht eine ausserordentliche Mannigfaltigkeit. Pyreit, Molybdän-

glanz, Psylomelan, Bleiglanz usf. usf. bilden mit vielen anderen
geeignetes Kontaktmaterial. Den einfachsten, aber nicht besonders zuverlässigen Thermodetektor erhält man, wenn man
eine Graphitspitze beispielsweise Bleistifteinsatz Nr. 2 ein auf
einer Feder befestigtes Bleiglanzblättchen unter mässigem
Druck berühren lässt. Wenn die Graphitspitze gerade eine
geeignete krystallinische Struktur der Bleiglanzoberfläche trifft,
so besitzt dieser Detektor eine ganz ausgezeichnete Empfindlichkeit.

Der Thermodetektor der Firma Dr. E. F. Huth lässt
zwei beständigere Materialien sich unter regulierbaren Druck
berühren (Abb. 119). Man stellt bei Empfang die günstigste

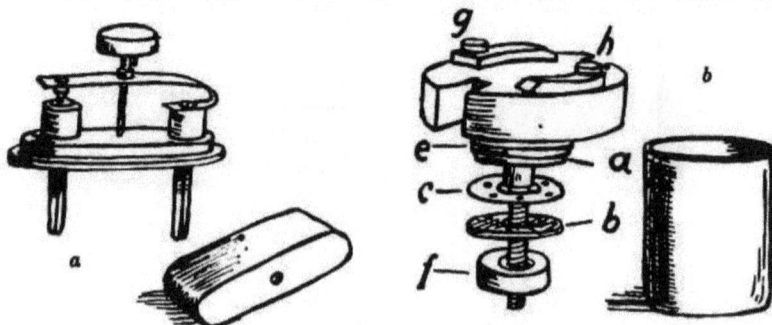

Abb. 119. Thermodetektoren.

Stellung ein oder sucht sie schon zuvor mit einer kleinen
Summeranordnung auf.

Die Telefunkengesellschaft stellt eine grosse Reihe von Detektortypen her. Eine im Gebrauch sehr widerstandsfähige und
trotzdem elektrisch recht empfindliche Form ist in Abbildung 119
skizziert. Die zwei aus verschiedenem Material bestehenden
Elektroden a und b werden durch ein dünnes Glimmerplätt-
chen c getrennt. In c sind eine Reihe von Löchern eingestanzt,
so dass die beiden Elektroden durch eine kräftige Schraubvor-
richtung bis zur Berührung aneinander gepresst werden können.
Damit die Elektroden nicht durch die Spindel in direkten Kontakt gebracht werden, ist die Kontaktplatte e ebenso wie die
Elektroden durch eine Hartgummiunterlegscheibe und ein Stück
Hartgummirohr von den Metallteilen isoliert. Die ganze Ein-

richtung ist in die bei Telefunken für Detektoren übliche Hart-
gummidetektorkapsel einmontiert. Die beiden Kontaktteile g
und h stehen mit den Platten e und f in leitender Verbindung.
Nach etwaiger Überlastung kann man den Detektor leicht
durch Lösen der Schraube, geringes Drehen des Glimmer-
plättchens und kräftiges Anziehen der Schraube wieder auf
die frühere Empfindlichkeit bringen. Doch ist bei schonen-
der Behandlung ein derartiges Nachstellen kaum jemals erforderlich.

Das Optimum der Wirkung eines Thermometers erhält man,
wenn dafür gesorgt wird, dass die gesamte ankommende Hochfrequenzenergie an seiner Kontaktstelle sich in Wärme um-
setzen kann. Während also sonst die Kreise der radiotelegraphischen Anordnungen fast stets unter dem Gesichtspunkt
möglichst geringer Dämpfung konstruiert werden, damit
scharfe Resonanzen möglich sind, kommt es hier nur darauf
an, die Energie rasch im Thermodetektor zu absorbieren. Man
verfährt deshalb meist so (Abb. 119), dass man mit der Antenne
einen schwachgedämpften Primärkreis I erregt, in dem sich bei
scharfer Abstimmung die Schwingungen in die Höhe pendeln
können. Von hier erst wird die Energie durch Koppelung auf
den Detektorkreis II übertragen. Da dieser wegen der absichtlich
starken Dämpfung kaum schwingungsfähig ist, braucht er auch
nicht abstimmbar zu sein. Man bezeichnet ihn als den aperiodischen Kreis. Der Kondensator C hat so auch nicht die
Aufgabe, für eine bestimmte Schwingungszahl in Kreis II zu
sorgen; er überbrückt nur — bei Hörempfang — die Telephon-
leitung mit ihrem schädlichen Ohm schen Widerstand und ihrer
Selbstinduktion. Für die im Thermodetektorerzeugten Gleichströme aber bildet er einen „Verriegelungskondensator". Er
verhindert, dass sie sich im Kreise direkt ausgleichen; sie
müssen den Telephonhörer passieren. Da der Widerstand der
Thermodetektoren im allgemeinen ziemlich hoch ist, benutzt
man auch Telephonhörer T von hohem Widerstand. Im allgemeinen sind 1000ohmige Höhrer im Gebrauch. Der Kondensator C besitzt eine Grösse von etwa 1000 bis 5000 cm.
An Stelle der Schaltung 120 a kann man auch die von 120 b

und c anwenden, bei denen die Antenne selbst als Primärkreis
wirkt, der induktiv oder direkt mit dem aperiodischen Kreis
gekoppelt ist.

Die physikalischen Vorgänge in den Thermodetektoren
liegen nicht in allen Fällen ganz klar, oftmals ist die eigent-

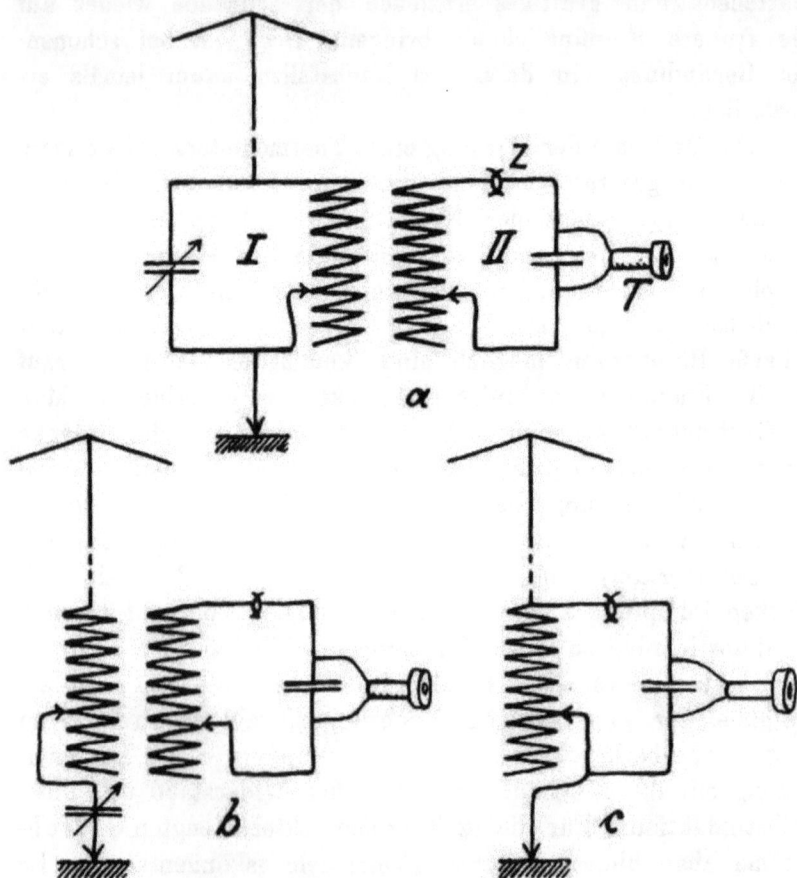

Abb. 120. Empfangsschaltungen mit aperiodischen Kreis.

liche Thermowirkung mit einer Art Ventil- oder Gleichrichter-
wirkung kombiniert. B r a n d e s hat eine ganze Anzahl von
Wellenanzeigern untersucht und gefunden, dass sich auf ihren
Leitungsweg niemals das Ohm sche Gesetz streng anwenden
lässt.

Die von den Thermoelementen gelieferte Gleichstromenergie
genügt im allgemeinen nicht, ein Relais zum Ansprechen zu
bringen; man ist deshalb auf telephonischen oder Licht-
schreiberempfang angewissen. Einen geeichten und gelegentlich in der Eichung kontrollierten Thermodetektor kann man
zu quantitativen Messungen des Empfangsstromes benutzen.

Andere Detektoren. Es gibt noch eine grosse Reihe
anderer Prinzipien, schwache Hochfrequenzströme nachzuweisen
oder zu messen. Die Widerstandsänderung, die ein dünner
Draht infolge der Erwärmung durch Hochfrequenz erleidet, kann
gemessen werden (Bolometer, Baretter); die Einwirkung, die

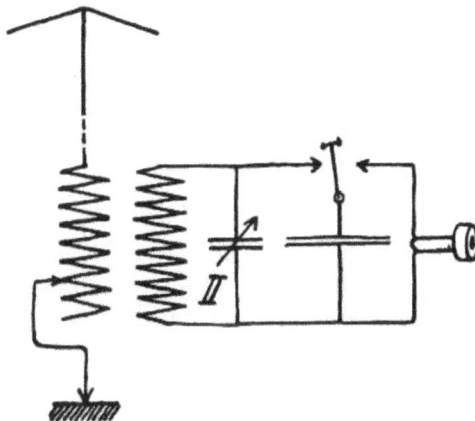

Abb. 121. Tikkerschaltung.

ein magnetisches Wechselfeld auf die Hysteresis des Eisens hat
(Magnetische Detektor), die Ventilwirkung einer glühenden Elektrode in einem Vakuumrohr (Andion), alle diese Prinzipien können
als Grundlage des Empfangsorganes genommen werden. Diese
letztgenannten Anordnungen haben für den Luftschiffer aber
nur geringeres Interesse, da sie sich namentlich mit den Thermodetektoren nicht an Einfachheit messen können. Höchstens
eine Anordnung muss noch erwähnt werden, für den Fall der
Luftschiffer in die Lage kommt, die von einer mit ungedämpften
Schwingungen arbeitenden Station ausgehenden Signale mit dem
Telephonhörer nachzuweisen. Wenn ein Zug ungedämpfter
Wellen die Empfangsantenne trifft, so können die im Empfangs-

system auftretenden Schwingungen im Telephonhörer des aperiodischen Kreises kein für den Empfang geeignetes Geräusch hervorrufen. Der während der Signallänge dauernd gleichmässig geheizte Detektor lässt nur einmal bei Beginn und beim Aufhören des Signales die Telephonmembrane anziehen und dann in die Ruhelage zurückgehen. Punkt und Strich, Beginn und Ende eines Signales würden sich kaum erkennen lassen. Man kann dem so abhelfen, dass man in die Leitung des aperiodischen Kreises einen kleinen elektromagnetischen Unterbrecher legt, der rhythmisch den kontinuierlichen Schwingungszug unterteilt. Man hört dann im Telephonhörer, wenn die Antenne erregt wird, den Ton dieses Unterbrechers.

Tikker. Man kann aber auch beim Empfang ungedämpfter Schwingungen im Empfänger ganz ohne eigentlichen „Detektor" auskommen, wenn man an die Kapazität des von der Antenne aus geschaukelten Kreises II rhythmisch einen Kondensator legt, aufladen und dann den Kondensator direkt durch den Telephonhörer entladen lässt (Abb. 121). Im Telephonhörer vernimmt man bei Erregung der Antenne dann gleichfalls den Umschaltrhythmus dieses „Tikker" (Poulson) genannten Unterbrechers. Die Schaltung lässt zahlreiche Variationen zu.

II. Teil.

Anwendungen.

VIII. Kapitel.

Drahtlostelegraphische Systeme.

Marconi. Im Jahre 1896 hat **Marconi** auf **Heinrich Hertz** und **Branly** fussend zum ersten Male drahtlostelegraphische Sende- und Empfangsstationen in unserem Sinne in Betrieb gesetzt und mit ihnen Entfernungen von einigen Kilometern überbrücken können. Obwohl die neueren Marconianlagen und das moderne Marconisystem kaum noch etwas Typisches gemeinsam mit diesen urspünglichen Versuchsanordnungen besitzen, ist gerade für den Praktiker, der unter Umständen auch mit primitiven Hilfsmitteln einen Verkehr zwischen seinem Fahrzeug und einer Landstation herstellen will, das alte grundlegende Marconisystem von Interesse.

Abbildung 122 gibt das prinzipielle Schaltschema eines Senders und Empfängers nach dem alten Marconisystem wieder.

Auf der Sendeseite wird eine lineare Antenne direkt an die von einem Funkeninduktor gespeiste Funkenstrecke angeschlossen. Sobald nach jedesmaliger Aufladung der Funke durchschlägt, gleichen sich die Ladungen oszillatorisch aus. Die Antenne sendet Wellen aus von einer Länge die ungefähr gleich dem vierfachen der Antennenlänge sind (Seite 122). Der so in der Grundschwingung erregte Oszillator strahlt sehr kräftig, die Schwingungen sind also stark gedämpft (Abb. 123).

Auf der Gegenstation dient als Empfangsorgan der Branlysche Kohärer, in der von **Popoff** für Registrierung der Luftelektrizität angegebenen Schaltung. Ein Klopfer (vergl. Abb. 114) versetzt den Kohärer nach dem jedesmaligen Ansprechen wieder in den nicht leitenden Zustand zurück.

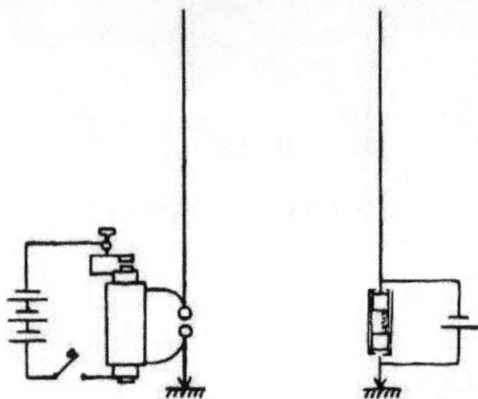

Abb. 122. Altes Marconisystem.

Die Marconianordnungen sind der grossen Strahlungs-dämpfung wegen nur in geringem Grade abstimmbar. Vom Sender wird die Energie jedesmal einem plötzlichen scharfen Knall vergleichbar hinausgeschleudert. Im Empfänger spricht der Kohärer auf die erste maxi-male Spannungsamplitude an.

Ein Marconisender lässt sich gegebenenfalls in sehr kurzer Zeit improvisieren. Eine aus einem Kupferdraht bestehende Linear-oder eine durch mehrere Drähte gebildete Reusenantenne A (Abb. 124) wird an einer hohen Stange, Turm, Schornstein oder dergl. oben isoliert befestigt. Die Sekundär-klemmen eines Funkeninduktors I mit Hammerunterbrecher, der von einigen Akkumulatorzellen oder einer Elementbatterie über einen Morsetaster gespeisst wird, stehen mit den kräftigen Zinkkugeln einer Funkenstrecke F in Verbindung. An die eine Kugel ist die Antennenleitung, an die

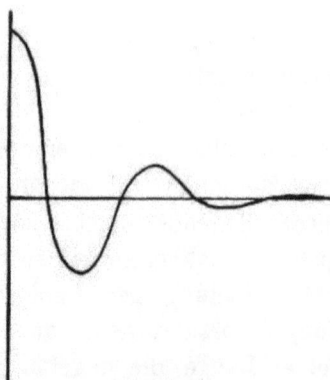

Abb. 123.
Stark gedämpfte Schwingung.

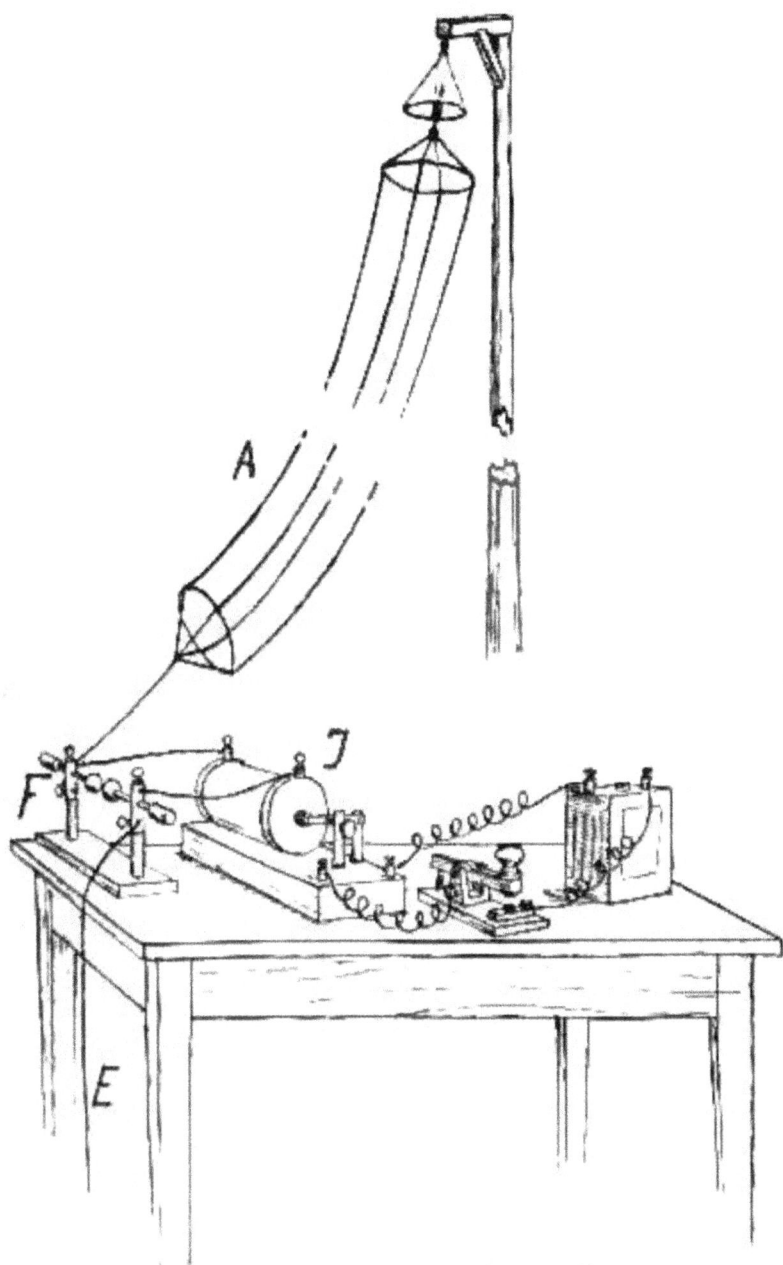

Abb. 124. Ursprünglicher Marconisender.

andere eine Erdleitung E angelegt. Die Funkenlänge wird zweckmässig nicht über 3 cm lang gewählt. Die Funken sollen scharf
und knackend sein. Je nach der Höhe der Antenne gelingt es
leicht, die Wirkung der Wellen auf 3 bis 30 km nachzuweisen.

Ein Kohärerempfänger, besitzt den unleugbaren Vorteil,
dass bei Empfang auf einfachste Art durch ein einfaches Relais
ein kräftiger Lokalstromkreis geschlossen werden kann. Man
ist also nicht nur in der Lage, eine elektrische Klingel als An-
rufläutewerk und einen Morseschreiber zum Aufzeichnen der
Signale zu betätigen, sondern man kann auch ganz nach Bedarf
elektrische Glühlampen anzünden, Minen durch Heizdrähte ex-
plodieren lassen, ja bei Benutzung wahlweiser Schalter, von
denen berufene und weniger berufene Erfinder eine hinreichende
Anzahl konstruiert haben, vermag man mit Hilfe kleiner Elektromotoren Steuermechanismen und andere komplizierte Bewegungen auf drahtlosem Wege zu leiten.

Erheblich grösser als diese Vorteile sind im allgemeinen
die Nachteile des Kohärers. Sie sind so gross, dass der Kohärer
wohl auf keiner öffentlichen deutschen Station mehr benutzt
wird und dass die Betriebssicherheit durch Kohärerwirkung
ausgelöster Mechanismen in den meisten Fällen sehr zweifel-
haft erscheint. Der Hauptnachteil besteht darin, dass der
Relaiskreis auch bei jeder luftelektrischen Störung genau so
betätigt wird, als wäre die Empfangsantenne von den Wellen
einer Gegenstation getroffen worden. Ehe der Kohärer als
Hilfsmittel zum Empfang drahtlos telegraphischer Signale erkannt wurde, diente er ja Popoff ausschliesslich zum Nachweis luftelektrischer Störungen.

Braun. Das Verdienst Ferdinand Brauns ist es, die
geschlossenen Kondensatorkreise und damit die Möglichkeit
scharfer elektrischer Abstimmung in die Technik der drahtlosen
Telegraphie eingeführt zu haben. Abbildung 125 zeigt das
prinzipielle Schaltschema einer Sende- und Empfangsstation
nach Braun.

Im Sender gibt ein geschlossener, schwach gedämpfter
Schwingungskreis, der mit langsamer Funkenfolge arbeitet, in
loser Koppelung seine Energie auf die Antenne ab. Wie aus

einem Reservoir erhält die Antenne von dem geschlossenen
Kreis die ausgestrahlte Energie nachgeliefert. Kondensatorkreis
und Antenne müssen aufeinander abgestimmt sein. Der Kondensatorkreis enthält zu diesem Zwecke feste oder variable Kapa-

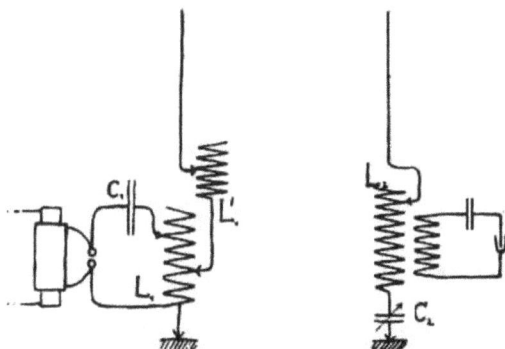

Abb. 125. Braunsches System.

zität (Flaschenbatterie C) und abstöpselbare Selbstinduktion L,
die Antenne eine Abstimmspule L'.

Die Empfangsseite ist durch Spulen L_2 oder Drehkondensatoren C_2 auf den Sender abstimmbar, die Hochfrequenzenergie
wird der empfindlichen Anordnung, sei diese nun ein Kohärer,

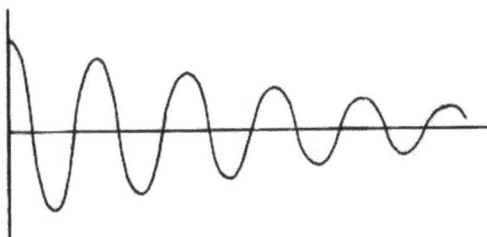

Abb. 126. Gedämpfte Schwingung.

Graphitdetektor oder eine Schlömilchzelle durch einen mit der
Antenne gekoppelten Kreis zugeführt.

Die verhältnismässig schwach gedämpften Wellen (Abb. 126),
die von der Sendeantenne ausstrahlen, lassen eine kräftige Resonanzwirkung in der Empfangsstation eintreten. Es können
in derselben Gegend mehrere drahtlos telegraphische Stationen,
ohne sich gegenseitig zu stören, miteinander in Verkehr stehen,

wenn sie nur mit hinreichend verschiedener Wellenlänge arbeiten. Eine gegenseitige Verstimmung von 3 bis 10% ist hierzu ausreichend.

In Abbildung 127 ist das Schaltschema einer Sendestation nach Braun gezeichnet, die wahlweise mit zwei festen Wellen arbeiten kann. Die Aufladung des Kondensatorkreises ist hier durch einen mit Wechselstrom gespeisten Resonanzinduktor R angenommen. Der Morsetaster T ist so eingerichtet, dass die Unterbrechung des Wechselstromes immer nur in Momenten erfolgen kann, in denen der Strom gerade durch Null geht. Das ist nach Braun dadurch erreicht, dass unter dem

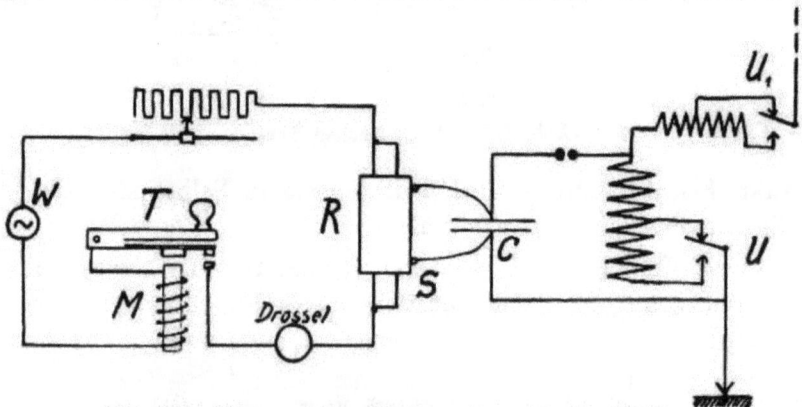

Abb. 127. Braunscher Sender mit zweifachen Wellen.

federnden Kontaktstück ein Weicheisenanker angebracht ist, der sich einem von dem Wechselstrom durchflossenen Magneten M gegenüber befindet. Beim Drücken der Taste wird der Stromkreis sofort geschlossen, beim Heben der Taste federt das Kontaktstück erst im nächsten Moment der Stromlosigkeit nach oben. Auf diese einfache Art wird der die Kontakte zerstörende Unterbrechungsfunke vermieden. Die sekundäre Spule S' des Resonanzinduktors bildet mit der Kapazität C des Schwingungskreises ein System, dessen Wechselzahl gerade so gross ist, als das der Wechselstrommaschine W, welche den Induktor speist. Es sind jedesmal mehrere Perioden des Wechselstromes erforderlich, ehe sich die Kapazität so hoch aufladen kann, dass die Funkenstrecke durchschlägt. Die sekundliche Funkenzahl

beträgt etwa 20, ebenso viele Wellenserien strahlt die Antenne
aus. Falls die Gegenstation mit einem Hörempfänger ausgerüstet ist, wird diese langsame Impulsfolge als ein knarrendes
Geräusch („Knarrfunken") wahrgenommen. Werden die Schalter
U und U¹ nach oben gelegt, so ist der Schwingungskreis und
die Antenne auf die kleinere Welle, sind beide Schalter nach
unten gelegt, auf die grössere Welle abgestimmt.

Abb. 128. Induktor und Quecksilberturbine für Braunschen Sender.

In den Abbildungen 128 und 129 ist eine äusserst einfache
Sende- und Empfangsanordnung nach dem Braunschen System,
die in Gräfelfing aufgestellt war, abgebildet. Da hier Gleichstrom zur Verfügung stand, ist an Stelle eines Resonanztrans-
formators ein gewöhnlicher Induktor I mit Quecksilberturbinen-
unterbrecher Q (Abb. 128) benutzt. Die aus zwei grossen
Leydener Flaschen bestehende Kapazität, die Selbstinduktionsspule L und die Funkenstrecke F bilden den primären Schwin-

gungskreis, L' ist die Antennenabstimmspule und A ein in die
Erdleitung gelegtes Hitzdrahtamperemeter. Auf dem Brett
rechts befindet sich eine Kohäreranordnung mit Relais und
Läutewerk, darunter der Morseschreiber, seitlich ein Hörempfänger mit Schlömilchzelle.

    Tönende Funken. Wien. Ein Nachteil des Braun-
chen Systemes besteht in der notwendig langsamen Funken-

Abb. 129. Braunscher Sender.

folge. Die Zeit, in der während des Tastegebens tatsächlich
Energie ausgestrahlt wird, ist verschwindend klein gegenüber
den Pausen zwischen den einzelnen Funkenserien. Das System,
das gestattet, sekundlich eine viel grössere Anzahl von Funkenserien auszustrahlen und das in Verbindung mit intergrierenden
Detektoren (Seite 155) eine Energieübertragung von erheblich
besserem Nutzeffekt ermöglicht, geht in seinen Anfängen auf
Max Wien zurück und wurde von Graf Arco und seinen

Ingenieuren zu der jetzigen technischen Vollkommenheit ausgebildet. Entsprechend der schnellen regelmässigen Funkenfolge, die durch höheren periodischen Primärstrom und Stosserregung erzielt wird und die bei Hörempfang die Signale in einem angenehmen musikalischen Ton vernehmbar werden lässt, heisst dies System das System der tönenden Funken. Abbildung 130 zeigt das Schaltschema dieses modernsten und auf den deutschen Stationen am häufigsten anzutreffenden Systemes.

Die Feldwickelungen des Wechselstromgenerators W, der meist Strom von 500 Perioden liefert, werden durch eine Gleichstromdynamomaschine G erregt. Der Schieberwiderstand O, mit dem die Stärke der Erregung, damit die Spannung des

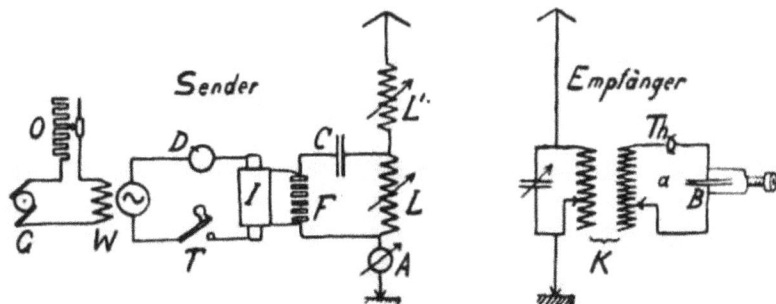

Abb. 130. System tönender Funken.

Wechselstromgenerators und letzten Endes die an der Funkenstrecke anliegende Spannung reguliert werden kann, heisst der Tonschieber. Bei etwas zu hoher Spannung geht nicht nur bei jedem Wechsel ein Funken über, sondern es bilden sich Partialfunken aus und an Stelle eines klaren Tones wird im Empfänger ein für den Nachweis viel ungünstigerer zischender Ton wahrgenommen. Bei grösserer Überspannung lässt es sich erreichen, dass bei jedem Wechsel genau zwei oder drei Funken übergehen, dann schnellt der empfangene Ton entsprechend um eine Oktave oder mehr in die Höhe. In allen Fällen muss der Hauptwert auf einen reinen klaren Ton gelegt werden.

In den Zuleitungen zur Primärwickelung des Transformators oder Induktors I liegt eine Drosselspule D sowie ein Morse-

taster T. Bei grösseren Stationstypen mit starken Primär-
strömen kann an Stelle dieses direkt eingeschalteten Tasters
ein Tastrelais treten, ein Apparat, bei dem der Starkstrom-
kontakt durch einen kräftigen Elektromagneten betätigt wird,
der sich durch einen Morsetaster mit schwächerem Strom
steuern lässt.

Als Funkenstrecke F dient eine Serienfunkenstrecke, der
auf Seite 83 beschriebenen Art. Bei grösseren Stationen erfolgt die Kühlung der Elektrodenplatten zweckmässig durch
einen Luftstrom, der von einem kleinen Ventilator erzeugt
wird, C bedeutet wieder die Kapazität des Primärkreises, L
seine Selbstinduktion, L' die der Antenne und A das Antennenamperemeter. Die Antenne soll möglichst eine schwach strahlende
Schirm- oder T-Antenne sein.

Beim jedesmaligen Funkenübergang gibt der durch die
Löschfunkenstrecke F stark gedämpfte Primärkreis in fester
Koppelung seine Energie auf die schwach strahlende Antenne
ab. Die Koppelung muss so gewählt sein, dass kein Rück-
pendeln der Energie aus der Antenne auf den Primärkreis statt-
finden kann. Die so durch den Primär- oder Stosskreis
angestossene Antenne schwingt dann mit ihrer Eigenwelle und
Eigendämpfung aus.

In der Empfangsstation induziert ein abstimmbarer Primärkreis, resp. einige Windungen der Antenne (Abb. 130) auf den
aperiodischen Kreis a der den Thermodetektor Th und über
einem Blockkondensator B einen Telephonhörer enthält. Durch
Variieren der Windungszahl der Spule des aperiodischen Kreises
wird in dem Koppelungstransformator K für das Verhältnis der
Windungszahlen gesorgt, das dem Detektorwiderstand am besten
entspricht. Hierdurch und gleichzeitig durch Nähern oder Entfernen der Koppelungsspule wird erreicht, dass der durch die
Energieabgabe in den aperiodischen Kreis scheinbar in die
Antenne eingefügte Ohmsche Widerstand gleich dem Strahlungswiderstand der Antenne gemacht wird. Denn in diesem
Fall kann das Maximum an Hochfrequenzenergie dem inte-
grierenden Detektor zugeführt werden.

Die in der Einleitung gegebene Skizze von dem Innern eines Stationsraumes (Abb. 131) wird an dieser Stelle des Buches ohne weiteres verständlich sein. Es bedeutet J den Transformator, C, L und F Kapazität, Selbstinduktion und Funkenstrecke des Stosskreises. Die fünf Leydener Flaschen besitzen zusammen etwa 25000 cm Kapazität (Seite 88) entsprechend der Kapazität einer mittleren Schirmantenne von etwa 1000 cm (Seite 131). L' stellt die Antennenverlängerungs-

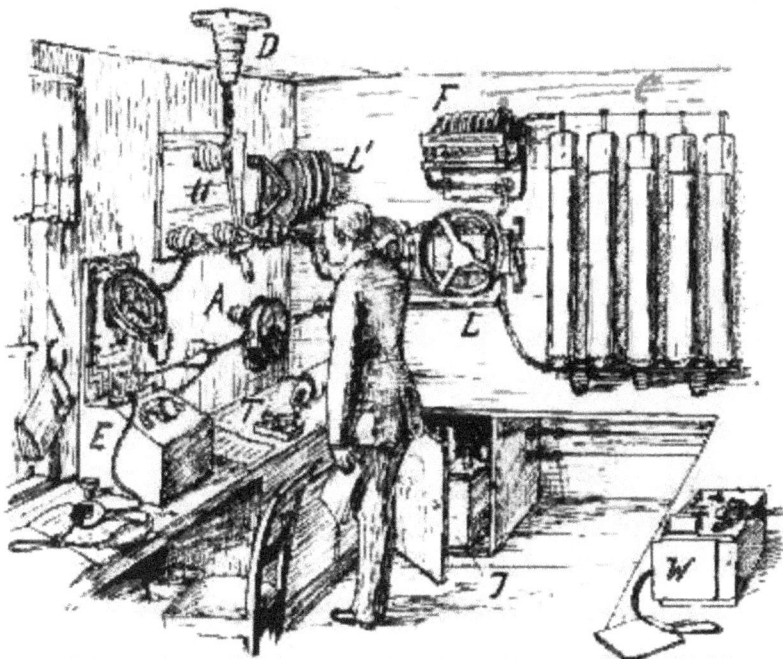

Abb. 131. Inneres einer Station nach dem System tönender Funken.

spulen vor, A das in der Erdleitung liegende Amperemeter. Durch den Umschalter U kann die durch die Deckeneinführung D in den Stationsraum einmündende Antenne entweder nach links an den Hörempfänger E oder, wie auf der Skizze, in welcher der Telegraphist gerade auf dem Morsetaster T „gibt“, angenommen ist, nach rechts an den Sender angeschlossen werden. Der auf dem Wandtisch stehende Apparat W ist der Wellenmesser, mit dessen Hilfe die Sende- und Empfangs-einrichtung geeicht und nachgeprüft werden kann.

Achse eine Schaltwalze mit zahlreichen Kontakten. Diese Schaltwalze bewirkt, dass bei nach unten gelegtem Schalthebel, also
Sende- oder Gebestellung der Detektor Th aus dem aperiodischen
Kreis abgeschaltet wird und so den zu kräftigen Feldern der
eigenen Station nicht ausgesetzt bleibt. Bei Empfangsschaltung
dagegen wird mit Hilfe der Schaltwalze gleichzeitig die Zuleitung
zum Morsetaster unterbrochen. Bei Empfang ist der Sender
also blockiert. Die innere abstöpselbare Spule L_2 ist die primäre
Selbstinduktionsspule. Der Drehkondensator C_2 kann je nach
dem der Umschalter U' auf „kurze Wellen" oder „lange Wellen"
steht, zur Antenne in Serie oder parallel gelegt werden. Die
Spule L'_2 des aperiodischen Kreises ist gleichfalls abstöpselbar
und zur Veränderung der Koppelung um ein Scharnier dreh-
und feststellbar eingerichtet. Der Blockierungskondensator des
aperiodischen Kreises ist auf der Abbildung, da er sich mit im
Innern des Pultvorbaues befindet, nicht sichtbar. Mit einem
derartigen Empfänger beherrscht man die ganze Wellenskala
zwischen 300 und 3000 m. Das System der tönenden Funken
ist gegenwärtig dasjenige moderne System, dessen Anordnungen
sich am einfachsten handhaben lassen, das also auch für transportable Anordnungen am meisten in Frage kommt.

 Ungedämpfte Schwingungen. (Poulson.) Schon bei
der Besprechung der physikalischen Tatsachen ist auf die Erzeugung ungedämpfter Schwingungen nur kurz hingewiesen
worden. Auch an dieser Stelle erscheint es nicht notwendig,
auf das an sich sehr leistungsfähige System Poulson, das mit
ungedämpften Schwingungen arbeitet, einzugehen, da es wenigstens zur Zeit seiner schwierigeren Bedienung wegen zur Benutzung durch den Luftschiffer kaum geeignet erscheint.

IX. Kapitel.

Zündungsgefahr.

Bestehen einer Zündungsgefahr. Freiballons und Luftschiffe sind mit einem leichtentzündlichen Auftriebsgas gefüllt. Elektrische Hochfrequenz erzeugt unschwer in direkt oder nur durch Induktion angeschlossenen Leitern hohe Spannungen, die zu Funkenübergängen führen können. Der Übergang eines Funkens an einer Stelle, an der gleichzeitig zündfähiges Gas-Luftgemisch vorhanden ist, muss zu einer Katastrophe führen. Die Möglichkeit einer Zündungsgefahr erscheint somit bei einer mit Sendeanordnung ausgerüsteten Ballon- oder Luftschiffstation ohne weiteres nicht ausgeschlossen. Dieser Standpunkt kann nachdrücklich betont werden, damit die Montage einer Sendestation sowie die Anordnung der Antenne und des Gegengewichtes nicht leichtsinnig und ohne Verantwortungsgefühl betrieben wird. Ein richtig installierter und bedienter Bordsender bedeutet keinerlei Gefahrmoment.

Stille Entladungen und Funken. Wenn man einen von Luft umgebenen Leiter auf ein immer höheres Potential auflädt, so tritt bei einem kritischen Potentialgefälle und zwar bei einem Spannungsunterschied von reichlich 30000 Volt pro cm Elektrizität in Form der sogenannten Glimmentladung aus dem Leiter aus. Die Luft wird von den schwach violett leuchtenden stillen Entladungen (Abb. 134 a) unter leisem Rauschen und Sprühen durchbrochen.

Es ist bei Hochfrequenzanordnungen sehr leicht, an Kondensatoren, am Ende langer Zylinderspulen etc. eine kräftige Sprüherscheinung wahrzunehmen. Sorgfältige im Sommer 1909 in Gräfelfing angestellte Versuche haben ergeben, dass auch explosibelstes Wasserstoff-Luftgemisch durch reine Glimmentladung nicht gezündet werden kann. Derartige Glimmentladungen, die also von nur einer Elektrode gegen Luft erfolgen, enthalten keinerlei Gefahrquelle.

Wenn sich zwei Leiter gegenüberstehen, zwischen denen das kritische Potentialgefälle herrscht, so tritt eine disruptive

Entladung in Form eines Funkens (Abb. 134b) ein. Der Funke
erscheint fett und hell, wenn er grosse Stromstärken führt,
blass und mager, wenn nur geringe Elektrizitätsmengen die
Strombahn passieren. Man unterscheidet solche Funken wohl
auch als Strom- und Spannungsfunken. Selbst die mit
kleinsten radiotelegraphischen Anordnungen erzeugten mageren
Fünkchen von weniger als ein Millimeter Länge reichen zur
Zündung aus, wenn sie in ruhendem Knallgas übergehen.

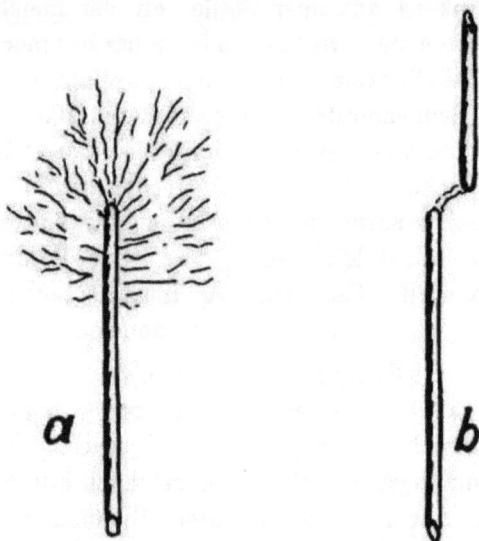

Abb. 134. Glimmlicht und Funkenentladung.

Aus diesen Tatsachen folgt als Grundregel: Die drahtlostelegraphische Sendeanordnung an Bord darf keinen
Funkenübergang zwischen zwei Leitern an einer
Stelle hervorrufen, an der explosibeles Gasgemisch
auftreten kann.

Zwischen ausgesprochener Glimmentladung und ausge-
sprochenem Funkenübergang sind Zwischenformen möglich.
Wenn beispielsweise der sprühende Leiter einem andern auf
mehr oder minder grosse Entfernung unter Zwischenschaltung
eines Isolators gegenüber steht. So bedeutet in Abbildung 135
A den sprühenden Leiter, B einen anderen Leiter und C ein

Stück Hartgummi oder Glas. Der Leiter A sprüht nur, aber
nach der B zugewendeten Seite sieht die Sprühentladung mehr
oder weniger weiss aus und es lässt sich unschwer erreichen,
dass ein zündfähiges Gasgemisch sich hier entzündet. Derartige
Möglichkeiten sind also, ebenso wie die Möglichkeiten zu Funkenübergängen unbedingt zu vermeiden. Scheint technisch eine
derartige Annäherung zwischen einem Spannung führenden und
einem nicht auf demselben Potential befindlichen Leiter nicht
zu vermeiden, so muss von Fall zu Fall am nicht gefüllten
Ballon oder Luftschiff durch den Versuch entschieden werden,
ob hier eine Gefahrquelle vorliegen kann. Wird langsam

strömendes Knallgas oder ein periodisch an und abgestellter Wasser-
stoffgasstrom auch bei einem dreimal geringeren Abstand a als er in
der Praxis ungünstigstenfalls eintreten kann bei stark befeuchtetem
Isolator C und der höchsten Erregung des sprühenden Leiters nicht
gezündet, so liegt zu einer Beunruhi-
gung kein Anlass vor. Derartige
Versuche erfordern jedoch erhebliche Umsicht, einmal weil die Ver-

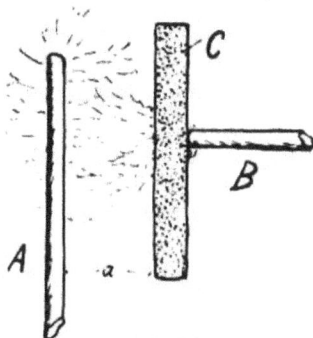

Abb. 135.
Kritische Glimmentladung.

suchsanordnung elektrisch den tatsächlichen Verhältnissen, also
beispielsweise denen des frei schwebenden Luftschiffes, der
richtigen Verteilung von Strom und Spannungsbäuchen, entsprechen muss, dann aber auch, weil an sich alle Zündungs-
versuche an Gas-Luftgemischen, besonders Knallgasgemischen,
leicht zu starken Explosionen Anlass geben können.

Zerstörbarkeit des Ballonstoffes. Wenn man auf
eine wasserstoffgefüllte Ballonhülle, die innen mit einem Metallgerippe versteift ist, direkt kurze Zeit Funken übergehen
lässt, so tritt keine Zündung ein, gleichgültig ob der Stoff
nass oder trocken ist. Lässt man aber den Funkenstrom
längere Zeit hindurch übergehen, so sengt bei ausreichender
Stromstärke der Stoff an. Aus der entstehenden Öffnung brennt
dann, während sich die Brandränder langsam erweitern, das

Gas ruhig und ohne explosibele Erscheinungeu ab. Auch in unmittelbarer Nähe einer relativ undichten Wasserstoffzelle, ja einer Zelle, die nur mit ungefirnistem und ungummiertem Baumwollstoff überzogen ist, und in die der Wasserstoff mit Überdruck einströmt, gelingt es oft nur eine Zündung des Gases herbeizuführen über den Umweg, durch langdauerndes Funken geben zunächst den Stoff in Brand zu stecken.

Wiewohl keine Anlage der Praxis so beschaffen sein darf, dass die Möglichkeit einer Funkenentladung nach dem Ballon besteht, kann man zur Erhöhung der Sicherheit folgende Betriebsregel empfehlen.

Vor Aussendung eines Telegrammes soll man probeweise kurze Zeit Taste geben und sich davon überzeugen, dass der Sender in der gewohnten Weise einwandfrei arbeitet.

Induktion auf isolierte Leiter. Alle von Hochfrequenz durchflossenen Leiter, seien es die geschlossenen Kreise der eigentlichen Stationsanlage, seien es die offenen langgestreckten Leiter des Gegengewichtes oder der Antenne besitzen auf benachbarte Leiter ein ausserordentlich starkes Induktionsvermögen. Derartige benachbarte Leiter, deren Abstand unter Umständen 50 und mehr Meter von den induzierenden Leitern betragen kann, werden zum Mitschwingen erregt. Auch wenn keine ausgesprochene Resonanz auftritt und es sich nur um erzwungene Schwingungen handelt, können in ihnen Spannungswerte von vielen tausend Volt auftreten.

Jeder einzelne Leiter erfordert demnach für sich dieselbe gewissenhafte Prüfung und die gleichen Vorsichtsmassregeln wie die eigentliche Sendeanlage.

Bei Freiballons können etwa die metallisierte Ventilleine und das Ventil, bei Luftschiffen Verspannungsdrähte, Steuerzüge usf. als gefährdend in Frage kommen. In jedem Fall muss die Möglichkeit von Funkenübergängen zwischen einzelnen Leitern, weisser Glimmentladung und Zündung der Stoffbahnen mit hinreichender Sicherheit ausgeschlossen werden. Im einzelnen

Fall kann die Beseitigung derartiger Möglichkeiten recht schwierig sein.

Austreten von Gas. Die in der Hauptregel formulierte Forderung, dass kein Funkenübergang an einer Stelle erfolgen dürfe, an der zündfähiges Gasgemisch auftreten kann, enthält bereits den Hinweis darauf, dass alle die Stellen an denen Funkenübergang möglich wäre, also die Funkenstrecke selbst, der Taster, Umschalter, Leiterteile, die ungeschickt berührt werden können, vor dem Zutritt des Gases tunlichst zu schützen sind. Während des Abblasens eines Ballons, während der Zeit, in der aus dem Füllansatz, einem Überdruckventil oder dergl. Gas austritt, ist man nicht sicher, inwieweit die jeweilige Ballonatmosphäre als einwandfrei gelten kann. Man beachte also als Regel:

Bei Austritt von Gas aus dem Ballon soll der Bordsender nicht betätigt werden.

Alle genannten Gefahrmöglichkeiten kommen nur in Frage für Sendeanordnungen. Dass sie wirksam zu vermeiden sind, dafür sind die ausserordentlich zahlreichen von Zeppelinluftschiffen abgegebenen Telegramme ein deutlicher Beweis. Die Installation einer Empfangsanordnung, besonders ohne Hilfsbatterie, also mit Thermodetektor kann, für den Fall das Luftschiff sich nicht in zu grosser Nähe einer sendenden anderen Station befindet, nicht als gefährdend bezeichnet werden.

Luftelektrizität. Bei starken luftelektrischen Störungen, namentlich im Gewitter muss man darauf bedacht sein, die Gesamterstreckung seines Fahrzeuges im elektrischen Feld so weit als möglich zu verringern, damit man nicht einem Blitz einen erwünschten leitenden Zwischenweg auf seiner Bahn gibt.

Bei Blitzgefahr dürfen die Antennen nicht ausgegeben werden.

X. Kapitel.

Die Bordstationen.

Freiballonstationen. Bald nachdem man mit Erfolg versucht hatte, Fesselballons zum Hochbringen einer Antenne zu benutzen, ging man auch daran, Freiballons drahtlostelegraphisch — wenn auch nur mit einem Empfänger — auszurüsten (Slaby, Siegsfeld 1898).

Antennen. Das Anbringen einer Antenne an einem Freiballon verursacht keinerlei Schwierigkeiten. Man lässt einen unten schwach beschwerten Kupferdraht, Kupferlitze, Kupferumklöppeltes Hanftau, gewebtes Lamettaband isoliert von der Gondel nach unten hängen. Eine Antennenlänge von 100 Metern wird im allgemeinen reichlich genügen. Nach den besonderen Umständen kann man dieses Mass beliebig über- oder unterschreiten. Es empfiehlt sich, das Antennenmaterial auf einer festbremsbaren Haspel (Abb. 3), aufzuwinden. Dabei ist nützlich, entweder das auszugebende Material von 10 zu 10 Meter mit Emaillefarbe zu markieren oder an der Haspel einen Tourenzähler anzubringen, da die Wellen-Eichung des Empfängers nur für ganz bestimmte ausgegebene Drahtlängen gelten kann.

Grössere Schwierigkeiten als die Herstellung der Antenne bereitet theoretisch die des Gegengewichtes. Zur Anbringung eines auch für grössere Wellen hinreichend grossen Gegengewichtes fehlt der Platz Selbst wenn die ganze Ballonstoffoberfläche metallisch leitend und als Gegengewicht angeschlossen wäre, würde die Kapazität etwa nur gleich dem Radius des betreffenden Ballons in cm anzunehmen sein. Ein 1200 cbm-Ballon würde also beispielsweise kaum 650 cm stat. Einheiten Kapazität bei äusserst geringer Selbstinduktion besitzen. Da die Güte des Empfanges jedoch bei noch viel kleinerem Gegengewicht im Freiballon praktisch ausreicht, erscheint es nicht nötig, auf die Erfüllung theoretischer Forderungen vorerst besonderes Gewicht zu legen. Man wird der Einfachheit wegen in Kauf nehmen können, dass der Empfänger meist ziemlich hoch über dem Strombauch in das Luftleitersystem eingeschaltet ist.

Dem theoretischen Optimum am nächsten kommt die Gegengewichtsanordnung nach M a y e n b u r g (D. R. P. 232257). Sie besteht aus einer grossen Anzahl biegsamer Drähte, Litzen oder dergl., die mit dem Netzwerk und mit allen Metallteilen leitend verbunden sind. In der Montage weit einfacher sind die Gegengewichte nach M o s l e r und L u d e w i g (Abb. 99 a und b). L u d e w i g verflicht in der Höhe des Ballonäquators rings um diesen einen Draht in die Netzmaschen und führt nach dem Hochlassen des Ballons ein Drahtende herunter zum Korbe. M o s l e r spannt einen isolierten Kupferdraht von ca. 65 m Länge in einer zum Äquator senkrechten Ebene als Schleife aus und befestigt diese mit dünnen Gummistoffstreifen am Netze so lose, dass Einschnürungen des Ballons ausgeschlossen sind. Anfang und Ende des Drahtes werden vereinigt im Korbe zum Anschlusse an die eine Klemme des Empfängers benutzt. Das obere Ende der Drahtschleife bleibt etwa 2 m vom Ventil entfernt. Durch gleichmässiges Ziehen an den Drahtenden können die Befestigungsstreifen zerrissen und das Gegengewicht eingeholt werden. Mit Hilfe eines über eine Rolle laufenden dünnen Seiles, das am oberen Ende der Gegengewichtsschleife befestigt ist, lässt sich die Drahtschleife wieder in die Höhe bringen.

E m p f ä n g e r. Zum Empfang der Signale kann man jede beliebige, auch auf stationären Stationen üblichen Anordnungen benutzen. Da der Luftschiffer aber immer besonderen Wert auf geringes Gewicht, kleine Ausmasse und meist wohl auch nicht zu hohen Anschaffungspreis der Apparate legen wird, hat die Industrie besondere einfache Ballonempfänger konstruiert.

Den Ballonempfänger der Gesellschaft für drahtlose Telegraphie, der auch mit einer kleinen Summereinrichtung zum Prüfen der Empfangsbereitschaft versehen ist, zeigt Abbildung a und b in der Seitenansicht und von oben. Der würfelförmige Holzkasten k von 20 cm Seitenlänge ist oben mit einer Hartgummiplatte verschlossen. Auf dieser Platte befindet sich der Drehkopf d eines Variometers (Abb. 68 d) mit Feststellvorrichtung f und Zeiger z, der über einer dreifarbigen Wellenskala (kleine Wellen — weiss, mittlere Wellen — rot, grosse

— gelb) spielt. Für die einzelnen Stufen des Variometers dient ein Umschalter u mit dreifarbiger Einteilung. Ausser dem Detektor i ist noch ein Reserveeinsatz i_1 vorgesehen. Zum Abhören der Signale können zwei Telephonhörer an den Stöpselbuchsen angeschlossen werden. p ist der Drehknopf, mit dem der Prüfer eingeschaltet werden kann. Die Zuleitungen der Antenne und zum Gegengewicht werden an die Klemmen n und m gelegt. Alle Verbindungsleitungen, Summer, Kondensator usf., befinden sich im Innern des Holzkastens. Durch einfache Einstellung des Wellenumschalters u und des Zeigers z

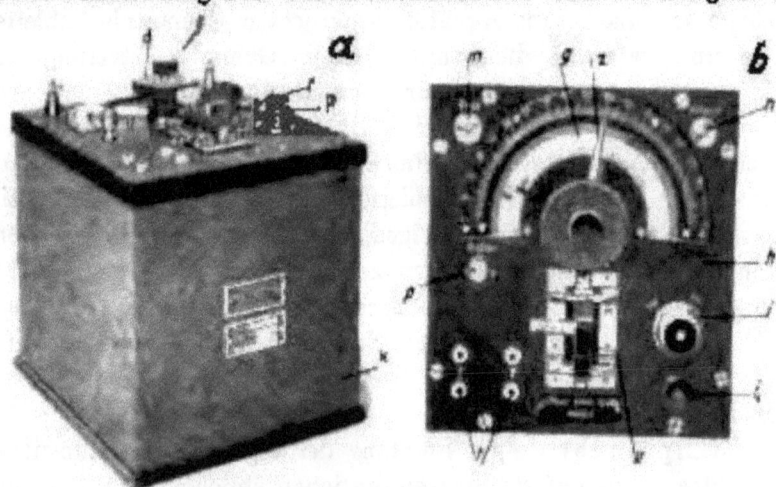

Abb. 186. Ballonempfänger von Telefunken.

auf die durch die Farben gekennzeichneten Stellungen (kleine, mittlere und grosse Wellen) wird der aus dem abstöpselbaren, drehbaren Variometer und festem Kondensator bestehende Schwingungskreis auf die der zu empfangenden Welle entsprechende Schwingungsdauer gebracht. Der Detektor liegt wie üblich in einem aperiodischen Kreis.

Die Eichung des Empfängers kann nur für eine bestimmte Antenne, beispielsweise 100 m ausgegebenen Draht, durchgeführt werden. Auf den farbigen breiten Streifen, unterhalb der Gradskala g werden die Einstellungen für immer wiederkehrende Wellenlängen markiert und mit Schrift kenntlich gemacht.

Beim Gebrauch wird dann einfach der Zeiger der Skala auf die betreffende Marke eingestellt, wobei aber zu beachten ist, dass äussere Einflüsse zur Erzielung der grössten Lautstärke im Telephon eine kleine Korrektur der Einstellung um einige Grade ober- oder unterhalb der Normalstellung erforderlich machen. Um die richtige Einstellung des Apparates sowie die ordnungsmässige Beschaffenheit von Antennen, Anschlüssen, Detektor und Telephon zu prüfen, wird vor jedem Empfang der Drehknopf p, der den Summer einschaltet, kurz in der Pfeilrichtung herumgedreht. Der Summer erregt das schwingungsfähige System und erzeugt im Telephon, falls der Apparat in Ordnung ist, ein summendes Geräusch. Wird dieses Geräusch gar nicht oder nur schwach gehört, so wird der Drehknopf r auf dem Detektor i so lange vorsichtig gedreht, bis das summende Geräusch erscheint. Der empfindlichste Teil des Apparates ist der Detektor. Er ist aus diesem Grunde so eingerichtet, dass das die Kontaktstelle tragende Einsatzstück leicht herausgenommen und gegen das vorhandene Reserveexemplar eingetauscht werden kann. Ein unempfindlich gewordener Detektor kann leicht wieder brauchbar gemacht werden dadurch, dass der Kontaktring mit dem wellenempfindlichen Material nach Abnahme des Drehknopfes mit einer feinen Schichtfeile vorsichtig abgeschliffen wird. Danach wird, um einen etwa anhaftenden Fettbauch zu entfernen, der Kontaktring mit einem in Alkohol getauchten Lappen abgerieben, worauf der Detektor wieder eingesetzt und mittelst des Prüfers eingestellt wird. Der komplette Apparat wiegt nicht ganz 4 kg.

Noch ganz erheblich kleiner und leichter, aber nur für Wellenlängen bis etwa 1200 m im Maximum brauchbar, ist der Ballonempfänger der Firma Dr. E. F. Huth, Berlin. In einem Hartgummikästchen (Abb. 137) von nur $3 \times 10 \times 18$ cm und ca. 1,0 kg Gewicht ist eine komplette Empfangsschaltung nach Abbildung untergebracht. Die Klemme A ist mit der Antenne und die mit E bezeichnete mit dem Gegengewicht verbunden. Die Stöpselbuchsen Z dienen für den Anschluss des Thermodetektors Th, die Buchsen T für den Stöpsel des Kopftelephons. Das Abstimmen auf die Gegenstation erfolgt durch

Verstellung des Griffes G, der an einem auf der Selbstinduktionsspule schleifenden Kontaktstück befestigt ist. Ist Empfang
vorhanden, so wird der Kopf am Thermodetektor (vergl. auch
Abb. 119) langsam nach rechts oder links gedreht, bis sich bei
einer bestimmten Einstellung ein Optimum in der Lautstärke
erkennen lässt. Die am Apparat vorgesehene Skala hat den
Zweck, eine bestimmte Wellenlänge rasch wieder aufzufinden,
wenn man vorher für eine bestimmte Antenne die Teilung geeicht hat. Will man den Schieber G in seiner Lage feststellen,
so bedient man sich des Knopfes B, der durch Rechtsdrehung
die Schaltervorrichtung arretiert.

Von zahlreichen Ballonfahrern (Siegsfeld, Ludewig,
Mosler, Lutze u. a.) wurde mit bestem Erfolg im Ballon

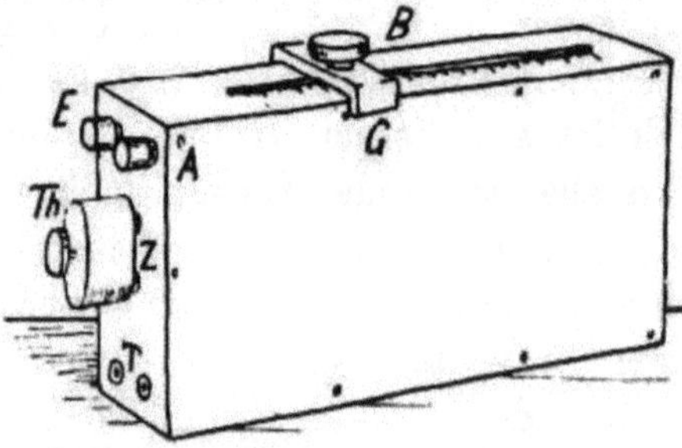

Abb. 137. Leichter Empfänger der Firma Dr. E. F. Huth.

empfangen. Der Empfang der Grossstationen gelingt mühelos
auf 400 und mehr Kilometer. Über den Einfluss der Höhe
auf die Empfangsintensität stehen die Ansichten noch nicht
fest, es scheint aber, als ob in grosser Höhe die Intensität
geringer würde (Lutze).

Die Mitnahme eines Senders im Ballonkorb wird im
allgemeinen selten in Frage kommen, da das höhere Gewicht,
das vor allem durch die Stromquelle bedingt wird, dem Luftschiffer unerwünscht ist. Zum Senden mit einigermassen
grösseren Energiemengen müssten auch bei der Anbringung des
Gegengewichtes besondere nicht leicht zu erfüllende Massnahmen
getroffen werden.

Luftschiffstationen. Bei der Ausrüstung eines Luftschiffes mit einer drahtlostelegraphischen Station spielt das

Gewicht einer Sendeanordnung eine geringere Rolle und seitdem auch bei den Zeppelinschiffen, die früher allgemein verneinte Möglichkeit ohne Zündungsgefahr zu senden, experimentell erkannt war (Dieckmann, Kober, Meissner), gilt eine komplette Bordstation immer mehr als unerlässliches Organ eines jeden leistungsfähigen Luftschiffes. Bei den Ballonetluftschiffen, insbesondere dem Militärluftschiff M II, war diese Frage schon ein Jahr früher 1908 gelöst worden.

Antennen. Über die Luftschiffantennen ist das prinzipiell Wichtige schon auf Seite 126 und 127 mitgeteilt worden. Neben gewöhnlichen eindrahtigen Linearantennen bieten hier unter Umständen Ankerantennen (Dieckmann, Lange) oder komplizierter verspannte und einholbare Drahtsysteme betriebstechnische Vorteile. Da Luftschiffe gelegentlich streckenweise auch sehr tief fahren, ist es erwünscht, mit Antennen zu arbeiten, die zur Erleichterung der Navigation eine nicht zu grosse Vertikalerstreckung besitzen. Als Gegengewicht dient bei den französischen Luftschiffen des Typ Clement-Bayard das Metallgerippe der sehr gross dimensionierten isoliert aufgehangenen Gondel. Bei Schiffen mit kleinerer Gondel, z. B. Typ Republique, wird ein besonderes Gegengewicht nach den Spitzen des Ballons verspannt.

Sender. Von den gegenwärtig existierenden Systemen bietet das der tönenden Funken für die Bordsender die geringsten Nachteile. Wenn man eine Luftschiffantenne nach dem alten Marconisystem oder dem Braunschen System mit 0,5 oder mehr Kilowatt Hochfrequenzenergie erregen wollte, so würden bei der langsamen Funkenfolge und der relativ geringen Kapazität der Antenne und des Gegengewichtes nach Formel 49, ganz ausserordentlich hohe Spannungen zu bewältigen sein, Spannungen von über hunderttausend Volt. Ungefährliche und doch wirksame Luftschiffstationen nach diesen Systemen einzubauen, würde somit grosse Schwierigkeiten ergeben. Stationen, die mit ungedämpften Schwingungen arbeiten, benötigen zwar die geringsten Spannungen, hier aber besteht eine Kalamität in der Beschaffung hinreichend konstanter hochgespannter Gleichstromquellen für den Betrieb der Poulsonlampen. Alle bisher praktisch verwendeten Luftschiffstationen arbeiten denn auch mit tönenden Funkenstationen, deren äussere Dimensionen und Gewichte tunlichst reduziert sind.

Da eine Beschreibung der modernen Stationen Zeppelin-Telefunken, die sich den speziellen Verhältnissen des metallisch starren Systemes anpassen, aus begreiflichen Gründen hier nicht gegeben werden kann, möge im folgenden die Stationen

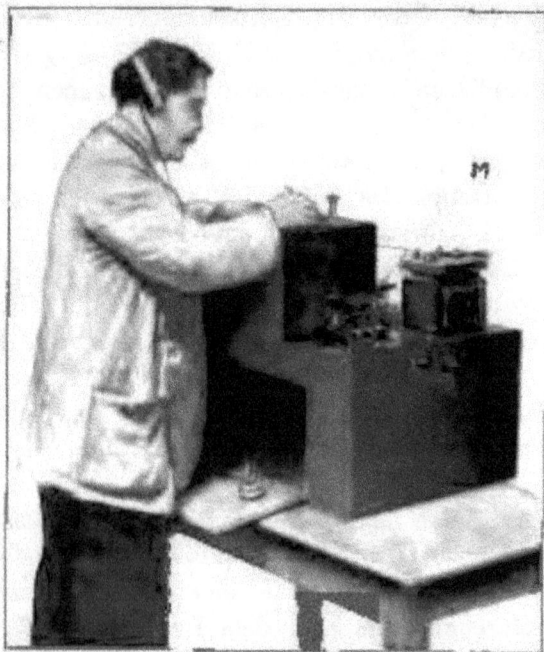

Abb. 138. Luftschiffstation nach Ferrié.

des französischen Militärluftschiffes Clément Bayard, hergestellt von der Société française radioélectrique, sowie die Station des japanischen Militär-Parsevalluftschiffes, die von der Gesellschaft für drahtlose Telegraphie, Berlin geliefert wurde, beschrieben werden.

Der Konstrukteur der französischen Bordstationen ist Kommandant Ferrié, der Chef der französischen Militärradiotelegraphie. Er rüstete erstmalig den Clément Bayard im Jahre

1910, also zwei Jahre später als die deutsche Militärverwaltung den M II, drahtlostelegraphisch aus. Die Ferriésche Apparattype ist verhältnismässig sehr klein. Als Primärstromquelle dient eine Akkumulatorenbatterie von nur 10 Zellen, also 20 Volt Spannung, die auf maximal 5 Ampère beansprucht wird. Die äusseren Abmessungen der Station betragen $50 \times 60 \times 55$ cm, sie wiegt 60 kg. Abbildung 138 und 139 zeigen die Apparatanordnung nach abgenommenem oberen Deckel. Für die Herstellung der raschen Funkenfolge dient eine Art kräftiger Stimm-

Abb. 139. Ferriéstation mit sichtbarem Unterbrecher.

gabelunterbrecher V, der von Bethenod und Ferrié angegeben wurde. Eine grosse Stimmgabel von etwa 250 Eigenschwingungen pro Sekunde wird elektromagnetisch zum Schwingen erregt. Ein an der Stimmgabel angebrachter Kontakt unterbricht mit dieser Periode den Primärstromkreis des kleinen Transformators B. Der an die Sekundärwickelung angeschalteten Funkenstrecke des geschlossenen Schwingungskreises kann auf diese Art ein Strom von 500 Wechseln pro Sekunde zugeführt werden. Ein derartiger Gleichstromunterbrecher kann als Ersatz für eine sehr kleine, wenig leistungsfähige Wechselstrommaschine der gleichen Periode dienen. Wenn gesendet werden soll, wird durch einen besonderen Stromkreis der Unterbrecher angestellt und die Stimmgabel in dauernd gleichmässige Schwingungen versetzt. Die Primärwickelung des Transformators bildet mit der Akkumulatorenbatterie und der Taste über den Stimmgabelkontakt einen zweiten Stromkreis, in dem bei niedergedrückter Taste der zerhackte Gleichstrom fliesst. Für die Unterbrechungsstellen an der Stimmgabel ebenso wie für die des Morsetasters sind gegen den Zutritt von Wasserstoffgas besondere Massnahmen vorgesehen. Der Unterbrecher kann mit einem Deckel abgeschlossen werden, der nach Art der in Bergwerksbetrieben verwendeten Sicherheitslampen konstruiert ist. Der Kontakt des Morsetasters, auf Abbildung 138 sichtbar, erfolgt in einem mit Öl gefüllten Glasgefäss. C bedeutet den Antennenumschalter. Ist er nach links gekippt, so ist der Sender angeschlossen, ist er nach rechts gelegt, der Empfänger.

Bei 35 Watt Antennenenergie besitzt dieser Luftschiffsender im Verkehr mit nicht zu kleinen Gegenstationen eine Reichweite von 100 km. Ebenso wie in denjenigen anderer Lenkballons, die ihre Station in den Motorgondeln unterbringen, macht der Hörempfang bei laufenden Motoren hier grosse Schwierigkeiten. Es ist also unter Umständen für einwandfreien Empfang erforderlich, die Motoren zeitweise abzustellen.

Die Luftschiffsstation der Gesellschaft für drahtlose Telegraphie, die u. a. auf dem japanischen Parsevalluftschiff eingebaut wurde, ist in Abbildung 140 wiedergegeben. Der metallisch beschlagene Holzschrank H von 66 cm Breite, 33 cm Tiefe und 76 cm Höhe ist durch eine Vertikalwand in eine offene vordere und eine geschlossene hintere Hälfte abgeteilt. In der vorderen Hälfte befinden sich alle von Hand zu bedienenden Einzelapparate des Senders und Empfängers, während in der hinteren geschlossenen Hälfte diejenigen Teile des Senders wie Selbstinduktion und Kapazität eingebaut sind, die keiner Wartung bedürfen. Auf dem Schrank ist auf vier Porzellanisolatoren eine Haspel P, auf der als Luftdraht Phosphorbronzelitze aufgewickelt ist, mit isolierter Kurbel, Sperrklinke, Bremse, Zählerwerk und einem Laufrad für die Antennenlitze aufmontiert.

Ein Luftdrahtumschalter, der im Schrank angebracht ist, bewirkt (S. 173) in der Senderstellung ein Blockieren der Empfangsapparate und in der Empfangsstellung dasselbe für die. Stromquelle, so dass durch unbeabsichtigtes Niederdrücken der Taste

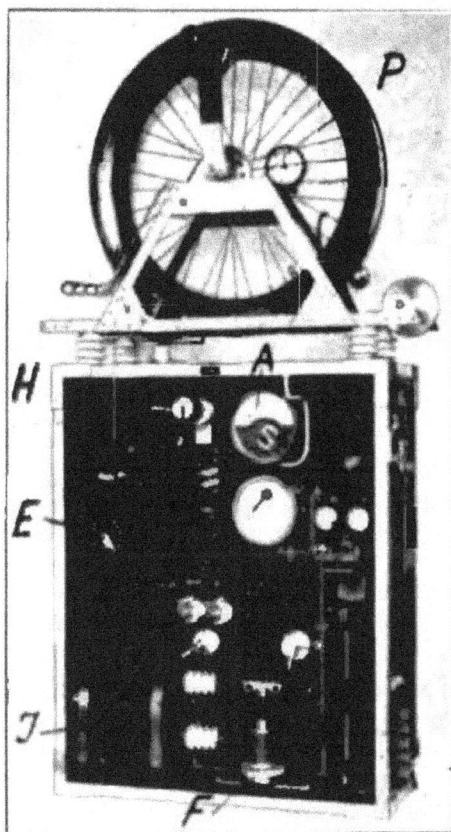

Abb. 140. Telefunken-Luftschiffstation.

beim Empfang die empfindlichen Teile des Empfängers nicht
gefährdet werden.

Als Stromquelle dient eine Wechselstromdynamo mit an-
gebauter Erregermaschine, deren Leistung bei 3000 Touren pro
Minute und einer Periodenzahl von ca. 500 pro Sekunde etwa
500 Watt beträgt. Der Antrieb erfolgt durch den Motor des

Luftschiffes. Ein Voltmeter, sowie Spannungs- und Touren-regulatoren sind im Schrank untergebracht.

Der eigentliche Sender besteht aus Transformator J, Lösch-funkenstrecke F, Erregerkapazität und Selbstinduktion, Luft-drahtverlängerungsspule, Antennenamperemeter A und Umschalt-vorrichtung für drei verschiedene Wellenlängen. Kapazität, Selbst-induktion und Verlängerungsspule befinden sich in der hinteren verschlossenen Hälfte des Schrankes. Die übrigen Teile sind in möglichst übersichtlicher, zugänglicher Weise in der vorderen Gondel angeordnet. Der Sender-Erregerkreis lässt sich auf meh-rere Wellen, die im Bereiche von 300 bis 1200 m liegen, ab-stimmen. Für die verschiedenen Wellen werden entsprechende Luftdrahtspulen, die Anschlussstöpsel für bestimmte Wellenlängen haben, in die Antenne eingeschaltet. Die genaue Abstimmung wird dadurch erzielt, dass man den Antennendraht mehr oder weniger herablässt. Die Antennenlitze wird durch farbige Marken, die mit gleichen Marken an den Anschlüssen der Erreger und Koppelungswindungen übereinstimmen für die entsprechenden Wellen gekennzeichnet. Falls das Luftschiff in sehr geringer Höhe fährt, kommen also nur die kleinen Wellen in Betracht.

Der Empfänger E erhält die gesamte Selbstinduktion, die zur Vergrösserung der Antenneneigenschwingung nötig ist, zum gleichzeitigen induktiven Koppeln auf den Dedektorkreis. Die Zahl der Detektorkreis-Koppelungswindungen lässt sich ebenso wie die der Antennenverlängerungswindungen durch verschiedene Stöpsel ändern.

Die Reichweite der Station gegen eine mittlere transportable Militärstation beträgt reichlich 200 km. Die komplette Anlage wiegt ca. 125 kg, davon entfallen auf den Apparateschrank mit der Luftdrahthaspel ca. 70 kg auf die Wechselstromdynamo mit der Erregermaschine ca. 55 kg.

Flugzeugstationen. Während bei der drahtlostelegra-phischen Ballonausrüstung das Senden die grössten Schwierig-keiten macht, liegt bei der Radiotelegraphie auf Flugzeugen eine gewisse Schwierigkeit im Empfang. Genau so oder noch stärker wie in der Maschinengondel eines Luftschiffes stört hier das

Geräusch des Motors und Propellers. Die Empfangsstromstärken auf dem Flugzeug müssen eine erhebliche Intensität besitzen, damit ein fehlerfreies Abhören der Depeschen möglich ist. Dadurch, dass keinerlei Rücksicht auf Zündungsgefahr genommen werden muss, ist der Einbau radiotelegrapher Anlagen auf Flugzeugen erheblich einfacher als auf Luftschiffen, etwas schwieriger gestaltet sich jedoch das Manövrieren des Flugzeuges unter dem Einfluss des langausgegebenen Antennendrahtes. Wie bei einem in Fahrt befindlichen Luftschiff beschreibt der unten beschwerte Antennendraht unter dem Einfluss des Luftzuges eine nach oben gewölbte Kettenlinie. Dieser lange nachgeschleppte Schweif übt natürlich, je nach der Stelle, an welcher der Luftdraht das Flugzeug verlässt (Abb. 99 f) gewisse mechanische Wirkungen aus, an die sich der Pilot erst gewöhnen muss. Schwere mit kräftigen Motoren ausgerüstete Flugzeuge spüren den Einfluss der Antenne am wenigsten. Damit bei niedrigem Flug, namentlich bei unbeabsichtigtem Durchsacken der Maschine oder bei einem Versagen des Motors, wenn die Maschine im Gleitflug landen soll, nicht durch ein Verfangen der nur langsam aufrollbaren Antenne in Baumwipfeln eine Gefahr entsteht, ist es zweckmässig, durch eine federnd gespannte Schere den Draht automatisch abschneiden zu lassen. Man kann auch Antennen verwenden, in die von 10 zu 10 m „Reissstellen" von nur 10 kg Festigkeit eingelötet sind. Die Kleinheit des aus den Metallteilen des Flugzeuges gebildeten Gegengewichtes und der fehlende Platz zum Vorspannen eines solchen macht sich noch stärker geltend als bei Freiballons. Ein weitreichendes Hilfsmittel dagegen gibt es nicht. Man kann höchstens für Metallisierung der Tragflächen und einige extra verspannte Drähte, die sonst nicht hindern, Sorge tragen. Symmetrisch von den Tragdeckenden herabhängende Luftdrähte (Backer), sowie Anordnungen, die je eine Oszillatorhälfte in Form leitender Flächen auf den beiden Tragdeckhälften vorsehen (Fessenden) dürften geringe praktische Bedeutung besitzen.

Geeignete komplette Flugzeugstationen werden in Deutschland von der Firma Dr. E. F. Huth sowie der Gesellschaft für drahtlose Telegraphie in den Handel gebracht.

Die Gesellschaft für drahtlose Telegraphie stellt eine grosse und eine kleine Stationstype her.

Bei den grösseren Stationen von 100 und mehr Kilometer Reichweite liefert eine Dynamomaschine den zum Betrieb erforderlichen Strom. Die Umdrehungszahl der hochperiodischen Wechselstrommaschine ist möglichst gross gewählt, damit man mit kleinerem Gewicht auskommt. Da die Umdrehungszahl der Propellernabe meist nur 1100 bis 1200 Umdrehungen pro Minute beträgt, ist der Einbau einer Übersetzung notwendig. Um eine

Abb. 141. Flugzeugstation von Telefunken.

möglichst einfache Montage des Maschinen-Aggregates zu erreichen, ist das Getriebe mit der Dynamomaschine selbst starr verbunden und der Antrieb erfolgt mittelst einer biegsamen Welle, so dass ihre Umdrehungszahl nur gleich der der Propellerwelle ist. Im Getriebe ist gleichzeitig eine Kuppelung vorgesehen, welche gestattet, die Dynamomaschine nach Belieben ein- und auszuschalten. Hierdurch ist das dauernde Laufen der Dynamomaschine und die damit verbundene Abnutzung vermieden. Das Gewicht einer derartigen Station beträgt ungefähr 35 kg.

Für viele Beobachtungszwecke dürfte aber auch schon die kleinere Stationstype, die bei 20 kg Gewicht etwa 25 km Reich-

weite besitzt, von Nutzen sein. Der Primärstrom wird hier
durch eine Trockenbatterie oder einige Akkumulatorenzellen geliefert. Das Äussere dieser Station zeigt Abbildung 141. Der
ganze Sender ist, ausschliesslich der Batterie, in einen Holzkasten
eingebaut. Zur Inbetriebsetzung ist nur erforderlich, die Verbindungsleitung zwischen der Antennenhaspel und dem Sender
herzustellen. Auf der Deckplatte des Senders befinden sich zu

Abb. 142. Mit Radiostation ausgerüstetes Flugzeug.

diesem Zweck zwei Stöpsellöcher, in welche die Verbindungs-
schnur für Antenne und Gegengewicht abgestöpselt wird. Der
Morsetaster ist auf eine aus dem Kasten herausklappbare Platte
aufmontiert, der mit einem hochperiodischen Hammerunterbrecher
ausgerüstete Induktor steht im Innern hinter dem Taster. Die
Regulierung der Koppelung zwischen der Antenne und dem
Primärkreis, sowie die Veränderung der Selbstinduktion der An-
tennenverlängerungsspule erfolgt durch zwei auf dem Sendekasten
befindliche Handgriffe. Die Handgriffe lassen sich einzeln feststellen, so dass man beide und auch jeden einzeln drehen kann.

Neben dem Stöpsel für den Anschluss der Verbindungsleitung zur Luftdrahtkapsel befindet sich eine Heliumröhre als Wellenindikator. Dieselbe dient zur Einstellung der Resonanz zwischen Primär- und Sekundärkreis. Die Station soll normal nur mit einer einzigen Sendewelle arbeiten.

Auf der Grundplatte des Senders ist auch der Empfänger angeordnet. Der Anschluss der Antenne an den Empfänger geschieht dadurch, dass die Stöpselschnur der Luftdrahthaspel in das Stöpselloch des Empfängers eingeführt wird. Auf der

Abb. 143. Flugzeugstation.

Empfängerplatte links befindet sich eine Schiebespule zur Veränderung der Abstimmung der Antenne. Rechts ist der aperiodische Kreis mit den Stöpselbuchsen für den Telephonhörer anbracht.

Neuerdings baut man das Kopftelephon in eine mit weichem Filz gepolsterte Fliegerkappe ein. Hierdurch wird nicht nur ein gewisser Schutz des als Passagier mitfahrenden Telegraphisten, sondern vor allem eine leidliche Dämpfung der Geräusche des Flugmotors erzielt.

Die Montage einer Flugzeugstation wird aus den beiden Abbildungen 142 und 143, die einen französischen Farmanzweidecker mit 55 PS Gnommotor vorstellen, ersichtlich sein. Die Anordnung wurde durch Kapitän Brenot, der mit dem Flugzeugführer Leutnant Aquarion die Versuche anstellte, angegeben. Als Primärenergiequelle dient eine kleine Spezialdynamo von 12 kg Gewicht. Der hinter dem Piloten sitzende Beobachter kann einen Hebel zum Ein- und Ausschalten der Dynamo betätigen. Zu seiner Rechten hat er einen Empfänger mit elektrolytischem Delektor, einem Morsetaster und einer Funkenstrecke, die durch den Luftzug beim Fliegen gekühlt wird. Die Antennenhaspel ist links zu erkennen. In der Mitte hängt das Kopftelephon.

Wenn man Freiballons, Luftschiffe und Flugzeuge hinsichtlich ihrer radiotelegraphischen Fähigkeiten charakterisieren wollte, könnte man etwa sagen:

Freiballons hören gut, aber sind stumm oder reden nur leise. Flugzeuge können deutlich reden, aber hören schlecht.

Von den Luftschiffen, die sehr deutlich und laut reden, sind die Zeppelinluftschiffe auch bei weitem durch das beste Hörvermögen ausgezeichnet.

XI. Kapitel.

Orientierung und meteorologische Beratung.

Orientierungsmethoden. Die drahtlose Telegraphie besitzt für die Luftschiffahrt neben ihrer anerkannten militärischen Wichtigkeit für die allgemeine Praxis vor allem noch die erst in neuerer Zeit von weiteren Kreisen geschätzte Bedeutung, dass sie ein Hilfsmittel vorstellt, durch welches ein bei unsichtigem Wetter fliegender Ballon oder Lenkballon bis zu einem gewissen Grade über die Gegend, über welcher er sich befindet, aufgeklärt werden kann.

Je nach der Art, wie man die einzelnen Gebieten des Luftmeeres über einem Land oder der See mit Hilfe der elektro-

magnetischen Wellen gewisse charakteristische Zustände oder
Zustandsfolgen aufprägen will, kann man verschiedene Systeme
der drahtlostelegraphischen Orientierung (A) aufstellen, die alle
das Gemeinsame haben, dass die fliegende Station mindestens
mit einem Empfänger, für die von einer oder mehreren Stationen auf der Erdoberfläche gegebenen Orientierungssignale
ausgerüstet ist.

Man kann aber auch Methoden (B) aussinnen, bei denen
umgekehrt aus den Merkmalen, welche die von einer fliegenden
Station ausgesandten Zeichen beim Empfang auf einer oder
mehreren festen Stationen besitzen, ein Rückschluss zu ziehen ist
auf den Ort, von dem die Zeichen kommen und kann diesen so
ermittelten Ort der fliegenden Station durch Funkspruch mit-
teilten. In diesem Falle müssen die fliegenden Stationen
ausser mit einem Empfänger stets mit einem Sender ausgerüstet sein.

Als besonders zur Orientierung geeignete charakteristische
Merkmale der Strahlung können vor allem ihre Intensität sowie ihre Richtung angesehen werden.

Die Methoden (A) bieten besonderes Interesse für den Fall
auch Freiballons orientiert werden sollen, die Methoden B besitzen unter Umständen für Luftschiffe praktische Vorteile. Im
folgenden sollen einige der zahlreich möglichen Methoden nach A
und B aufgeführt werden.

A. Methode von Lux. Die erste Anregung einer drahtlostelegraphischen Orientierung für die Luftschifffahrt ging 1909
von Lux aus. Nach diesem Vorschlag sollen über ganz Deutschland Abb. 144 eine grosse Anzahl kleiner Radiosendestationen,
am besten im Anschluss an städtische Elektrizitätswerke und
dergl. errichtet werden, die mit automatischen Sendern ausgerüstet alle 5 oder 10 Minuten mit derselben Wellenlänge
Zeichen aussenden, und zwar jede Station ein ihr eigentümliches
Zeichen, an dem sie mit Sicherheit erkannt werden kann.
Lux schlägt erstmalig die Errichtung von 90 Stationen von
etwa je 50 km Reichweite vor, die namentlich an den Grenzen
und den Küsten so dicht gesetzt sind, dass sie kein Luftfahrzeug ungewarnt überfliegen braucht.

Abstandsschätzung. (**Dieckmann**). Die von einer
festen Radiostation mit gleicher Intensität ausgesandten Signale werden von einer Gegenstation unter sonst gleichen Umständen um so kräftiger empfangen, je kleiner der Abstand
zwischen den beiden Stationen ist. Da man die Stärke der

Abb. 144. Projekt für die Verteilung automatischer Sender nach Lux.

auf einer Bordstation empfangenen Signale nach der Parallel-
ohmmethode oder besser noch mit einem Seitengalvanometer
kontrollieren kann, ist man in der Lage, Änderungen des Abstandes zu konstatieren. Wenn insbesondere eine Organisation
besteht derart, dass mindestens drei feste Stationen periodisch
mit gleicher Intensität Kennsignale geben, so kann man aus

dem Lautstärkeverhältnis der von ihnen empfangenen Signale
einen Rückschluss auf das Abstandsverhältnis zu diesen Stationen
und damit auf den Schiffsort machen.

In Abbildung 145 ist die Schaltanlage der Zeppelin-Radio-
station Frankfurt a. M. wiedergegeben, die auf der linken
Seite einen Sendeautomaten A für die Ortsbestimmung nach
diesem System, der auch für das Luxsche System brauchbar
wäre, erkennen lässt. Eine Kontaktuhr bewirkt, dass alle fünf

Abb. 145. Schaltraum der Zeppelin-Telefunkenstation Frankfurt a. M.
mit Sendeautomaten.

Minuten eine Minute lang die von einem Motor gedrehte Schaltwalze W über ein Tastrelais R den Primärkreis des Senders
schliesst. Abbildung 146 zeigt einen leichten Bordempfänger E
im Laboratoriumsraum des 1912 zerstörten Zeppelinluftschiffes
Schwaben. Die Messeinrichtung, besonders das Spatiometer S
(Seite 25), ist deutlich zu erkennen. Die zahlreichen nach dieser
Methode gewonnenen Beobachtungen zeigen, dass die erzielbare
Messgenauigkeit bei nicht gar zu grossem Stationsabstand für
die Praxis ausreicht.

Man kann nach dieser Methode noch einen Schritt weiter-
gehen. Ein im Freiballon oder im Luftschiff nicht in der Motor-
gondel untergebrachter Empfänger stellt wegen des Fehlens
jeden Erdwiderstandes ein für Messungen besonders günstiges
Empfangssystem vor. Man ist, wenn man mit einem geeichten
Empfänger arbeitet und der jeweilige Betrag des Absorptions-

Abb. 146. Laboratoriumsraum auf dem Zeppelinluftschiff Schwaben.

koefficienten a (Seite 148) bekannt ist, imstande, direkt aus dem
empfangenen Energiebetrag einen Schluss auf den Abstand von
einer mit bestimmter Energie und Wellenlänge gebenden Sendestation zu machen.

   Telefunkenkompass (Meissner). Das Orientierungs-
prinzip mittelst des Telefunkenkompasses geht auf ein ursprünglich von Artom gegebenes Verfahren zurück, das vom preussi-
schen Ministerium des Innern benutzt und durch Meissner

von der Gesellschaft für drahtlose Telegraphie zu seiner jetzigen Form ausgebildet wurde.

Es sind mindestens zwei Sendestationen erforderlich, die sowohl mit einer ungerichteten als einem System richtfähiger Antennen ausgerüstet sind. Eine derartige Antennenanlage ist in Abbildung 147 im Querschnitt gezeichnet. In der Mitte befindet sich die symmetrische Schirmantenne, im Kreise die mehr oder weniger grosse Zahl (12 bis 32) gerichteter Antennenpaare.

In Abbildung 148 sind zwei derartige Stationen A und B nebst der zu orientierenden Empfangsstation C angenommen. Soll der Ort von C ermittelt werden, so gibt zunächst A mit

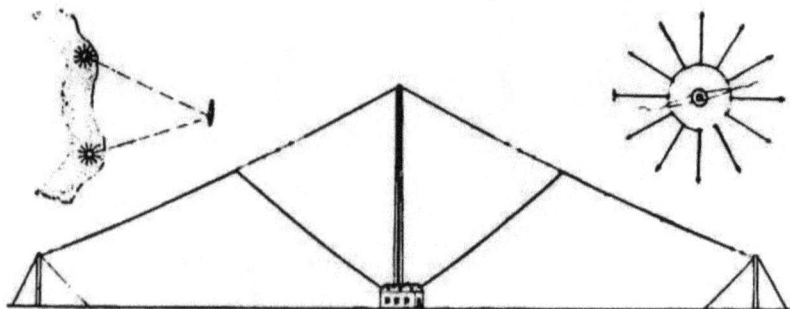

Abb. 147. Telefunken-Kompassstation.

der ungerichteten Antenne ein Zeitsignal, hierauf wird automatisch der Sender mit Hilfe des in Abbildung 149 wiedergegebenen Schalters der Reihe nach an die einzelnen Antennenpaare angelegt, derart, dass der doppelte Strahlenkegel mit der Nordsüdrichtung beginnend einmal pro Minute im Uhrzeigersinne ruckweise den Horizont bestreicht. Der Beobachter in C muss, wenn er den Schlussstrich des Zeitsignales hört, eine Stoppuhr auslösen, die wie Abbildung 150 zeigt, statt der Sekundenzahlen die Einteilung einer Windrose trägt. In dem Moment, in dem die Signalstärke beim Empfang ihr Maximum erreicht, arretiert er die Stoppuhr, der Zeiger steht dann in der Richtung über der Windrose, in der sich die Station C bezüglich der Sendestation A befindet. Es kann messtechnisch

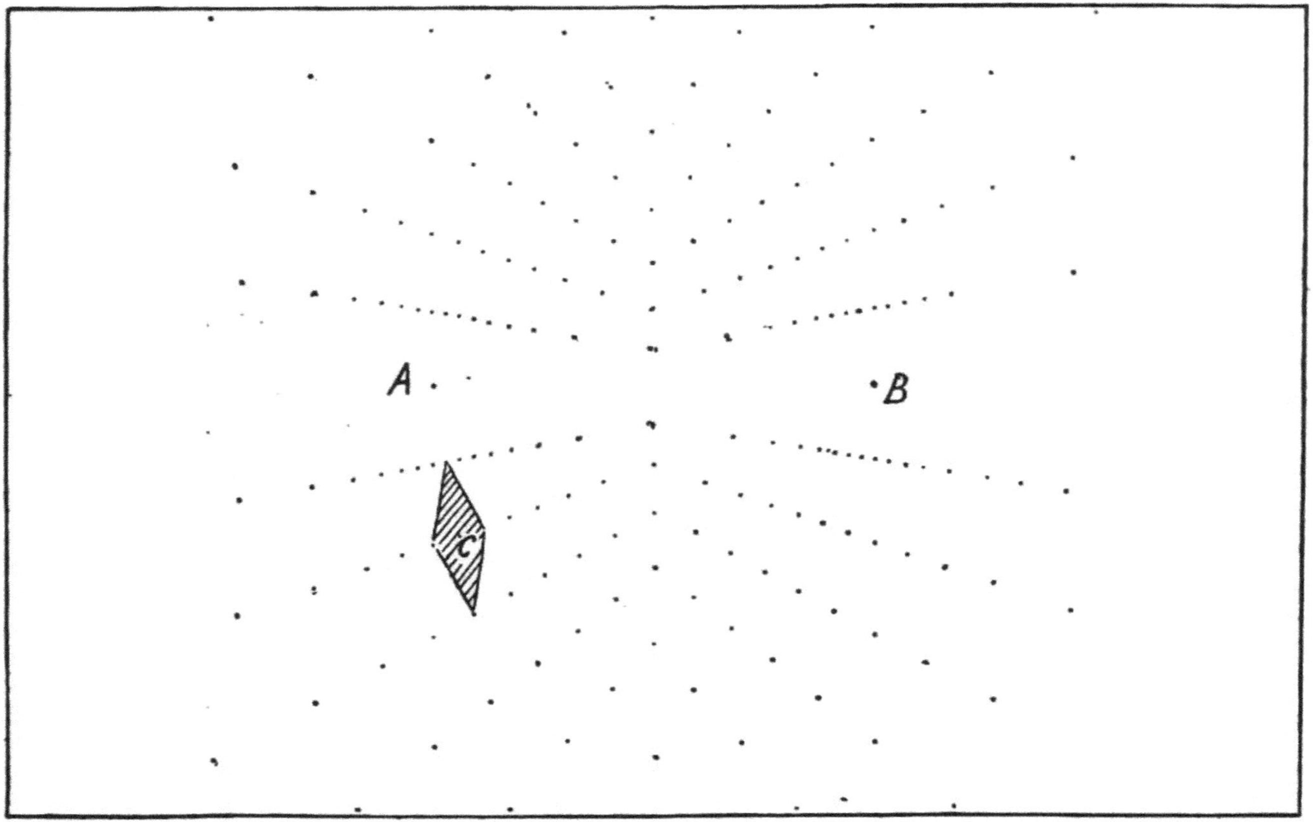

Abb. 148. Schnittpunkte der Strahlen zweier 36 drähtiger Kompasestationen.

zweckmässiger sein, an Stelle des **Maximums** das **Laut-stärkeminimum** zu beobachten. Genau wie vorher die Station A gibt dann B erst ein für B charakteristisches Zeit-signal und überstreicht dann den Horizont, so dass der Be-obachter in C auch die Richtung bezüglich B ermitteln kann. Durch den Schnittpunkt der beiden Richtungen bezüglich A

Abb. 149. Automatischer Umschalter für Kompassstation.

und B ist dann der Schiffsort bestimmt. Die Genauigkeit der Ortsbestimmung nach dieser Methode ist ausserordentlich ver-schieden je nach der Gegend, in der sich das Schiff bezüglich der beiden Stationen befindet. In Abbildung 148 sind die sämtlichen möglichen Schnittpunkte der von zwei mit sogar 36 drahtigen Richtantennen ausgehenden Strahlenkegel ein-getragen. Selbst wenn an Bord bei der Messung keinerlei Fehler gemacht werden, ergibt sich, wie das schraffierte Viereck

erkennen lässt, der Schiffsort nur in eingen Gegenden leidlich
genau.

Kombinierte Methode. Durch Vereinigung der Methoden der Abstandsschätzung und der Winkelmessung lässt

Abb. 150. Telefunkenkompass.

sich nicht nur die Genauigkeit verbessern, sondern — und des-
wegen bringe ich dies Prinzip vor — es lässt sich auch unter
Umständen an nur einer einzigen mit einer gerichteten Sendeantenne versehenen Landstation eine leidliche Orientierung gewinnen. In diesem Falle würde in der Periode des Zeitsignales
die Abstandsschätzung auszuführen sein, in der darauffolgenden
Periode die Winkelmessung.

B. Methoden der Rückfrage. Diese Methoden können nur von Fahrzeugen, die einen Sender an Bord haben, bei Anwesenheit einer oder mehrerer Landstationen mit gerichteten Antennen benutzt werden.

a) Zweiwinkelmessung. Wenn eine Bordstation zwei feste Stationen, die mit irgend welchen Hilfsmitteln die Richtung der ankommenden Strahlen zu ermitteln ausgerüstet sind, durch Funkspruch um diese Messung ersucht, so können beide Landstationen den nun beobachteten Winkel der Bordstation zurückmelden.

b) Abstandswinkelmessung (Dieckmann). Diese Methode ist anwendbar, wenn nur eine einzige Landstation mit gerichtetem Empfänger zur Verfügung steht und die für Abstandsmessungen erforderlichen Unterlagen vorhanden sind. Gerade diese Methode erscheint besonders brauchbar, da hier die Messungen von einer geübten Person in einem mit allen Hilfsmitteln ausgerüsteten Messzimmer an Land ausgeführt werden können.

Meteorologische Beratung. Da die Witterungsfrage für alle Entschliessungen der praktischen Luftschifffahrt von ausschlaggebender Wichtigkeit ist, kommt der Möglichkeit, fliegenden Stationen meteorologische Beratung zu Teil werden zu lassen, ausserordentliche Bedeutung zu. Geheimrat Assmann hat schon 1910 den Vorschlag gemacht, eine grosse, einen wesentlichen Teil Deutschlands beherrschende Zentralstation zu errichten, die auf Grund eines besonders organisierten Dienstes die Führer vor und während der Fahrt beraten könnte.

Schon jetzt kann ja bekanntlich von Lindenberg, Assmann oder Frankfurt a. M. Linke jederzeit telegraphisch Auskunft in Witterungsfragen eingeholt werden. Es wird also auch nur noch eine Frage der Zeit sein, dass entweder von einer zentralgelegenen Grossstation oder von den mit der Orientierung betrauten Stationen ein meteorologischer Beratungsdienst im Anschluss an die bestehende grosszügige Organisation eingerichtet wird.

Für die Schiffahrt besteht ein ähnlicher Dienst schon jetzt. Täglich unmittelbar nach dem Zeitsignal um 1 Uhr mitteleuro-

Zeitsignal von Norddeich ($\lambda = 1650$ m).

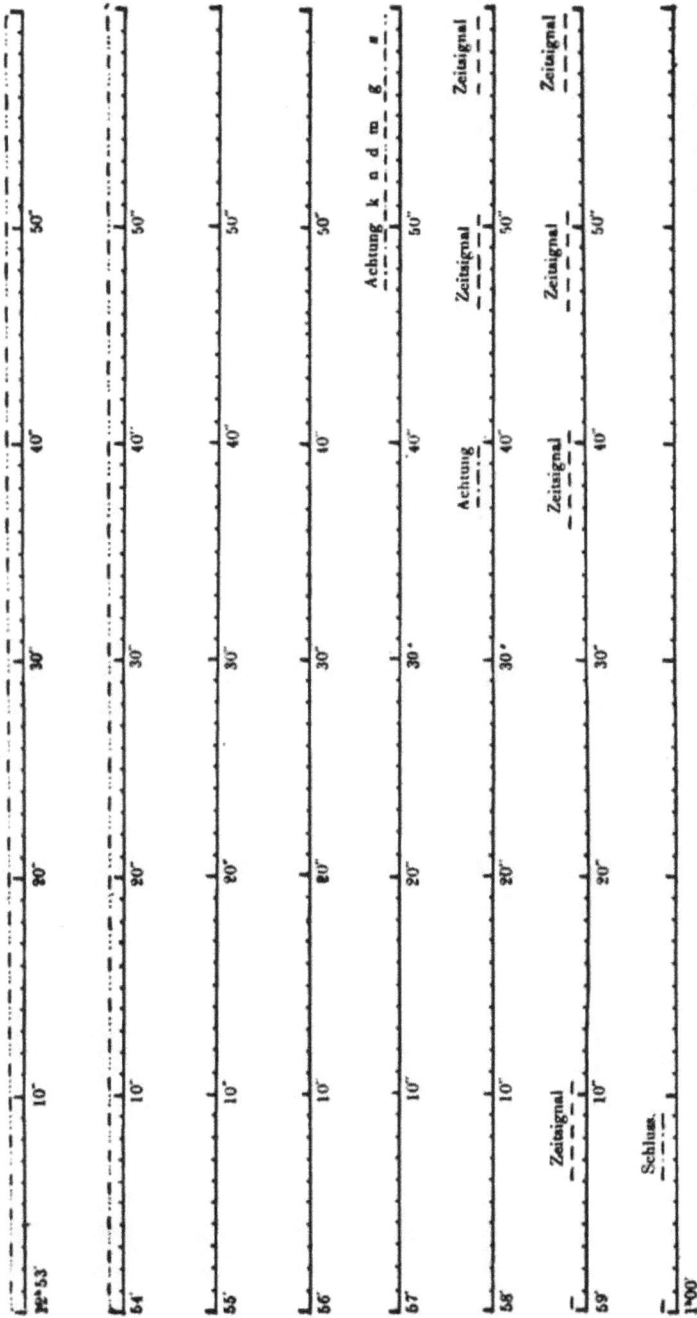

Achtung k a d m g

Zeitsignal

Schluss.

Die einzelnen Zeitsignalstriche dauern $\tfrac{1}{5}$ Sekunde. Der Beginn jedes Striches ist der Schlusspunkt der davor stehenden Sekunde.

päischer Zeit wird von Norddeich mit der 1650 m-Welle ein Wettertelegramm gegeben. Schon in zahlreichen Fällen wurde es mit Vorteil auch von fliegenden Stationen aufgenommen.

XII. Kapitel.

Der Verkehr.

Die Morsezeichen. Für die Praxis der Bord-Radiotelegraphie ist nicht allein die Kenntnis der physikalischen Methoden, der Apparate und der technischen Möglichkeiten erforderlich, sondern — und das nicht zum mindesten — eine wirkliche Beherrschung der Zeichen des Morsealphabetes. Eine so gründliche Übung im Gehörlesen, im Mitschreiben der im Telephonhörer im Punkt-Strichsystem gehörten Buchstaben und Zahlen, dass 80 bis 100 Buchstaben pro Minute noch genommen werden können, ist von grossem Vorteil. Nachfolgend finden sich die wichtigsten Symbole zusammengestellt.

Es ist dabei noch folgendes zu beachten. Der Punkt ist das Normalzeichen. Er wird durch Tastendruck von bestimmter Dauer hervorgebracht. Ein Strich ist gleich drei Punkten.

Der Zeitraum zwischen den Teilen eines Zeichens ist gleich der Dauer eines Punktes.

Der Zeitraum zwischen zwei Zeichen ist gleich der Dauer von drei Punkten.

Der Zeitraum zwischen zwei Wörtern oder Zahlen ist gleich der Dauer von fünf Punkten.

Einleitung des Verkehrs. Alle offiziellen drahtlostelegraphischen Stationen besitzen ein aus zwei oder drei Buchstaben bestehendes Rufzeichen und eine bestimmte Wellenlänge, mit der sie auf Empfang stehen.

Die dem öffentlichen Verkehr dienenden deutschen Küsten-
stationen haben folgende Rufzeichen

		Normal- welle	und ungefähre Reichweite
Borkum	KBM	300 m	175 km
Cuxhaven	KCX	300 „	200 „
Norddeich	KND	600 „	500/600 „
Bülk	KBK	300 „	200 „
Helgoland	KHG	300 „	200 „
Danzig	KDG	600 „	600 „

Will eine Station mit einer anderen in Verkehr treten,
so erfolgt der Anruf durch dreimaliges Senden des Anrufzeichens,
diesem schliesst sich das dreimal wiederholte Rufzeichen der
verlangten Station, der Buchstabe v und das dreimal wiederholte Rufzeichen der sendenden Station an.

Die angerufene Station antwortet mit dem Anrufzeichen,
dem dreimal wiederholten Rufzeichen der verlangenden Station,
v, und dem nur einmal gegebenen eigenen Rufzeichen. Hieran
schliesst sich, wenn sofort mit dem Verkehr begonnen werden
soll, der zweimal wiederholte Buchstabe k an (Kommt, kommt);
soll dagegen noch gewartet werden, das Rufzeichen mit der
voraussichtlichen Minutenzahl an.

Der Nachrichtenaustausch beginnt nach gehörtem k k von
der rufenden Station mit einmaligem Geben des Anrufszeichens.
Ist alles gesagt, stellt sie sich nach gegebenem k k auf Empfang,
vernimmt den Gegenspruch und kommt auf die gehörte Auf-
forderung k k wieder zum Reden. Dies geschieht wechselseitig
so lange, bis eine der Stationen nicht mit k k, sondern mit
dem Schlusszeichen schliesst. Das Schlusszeichen mit Anfügung
des eigenen Rufzeichens wird von der Gegenstation wiederholt.

Betriebserlaubnis. Es ist selbstredend ganz ausgeschlossen, dass jeder Beliebige eine drahtlostelegraphische Station,
sei es auch nur einen Empfänger ohne Genehmigung der zu-
ständigen Oberpostdirektion in Betrieb nehmen darf.

Auch ein Bordsender oder Empfänger, sei es auch nur ein
selbsthergestellter Apparat, darf in keinem Falle ohne Ge-

nehmigung benutzt werden. Diese Bestimmung ist keine Härte, sondern eine unbedingt notwendige Massnahme im Interesse eines geordneten ernsten Verkehrs. Es muss deshalb in Luftschifferkreisen als äusserst unfair gelten, gegen diese Bestimmung zu verstossen. Für jede Station muss die Genehmigung zum Betrieb einer Versuchsanlage bei der Oberpostdirektion erwirkt werden. Diese Genehmigung wird nur widerruflich erteilt.

Es ist anzunehmen, dass in absehbarer Zeit eine besondere gesetzliche Regelung des drahtlostelegraphischen Verkehrs für die Luftschiffahrt mit Festsetzung bestimmter Wellenlängen für Orientierung und meteorologische Beratung geschaffen wird.

Morsezeichen.

1. Buchstaben.

a	.—	n	—.
ä	.—.—	o	———
b	—...	ö	———.
c	—.—.	p	.——.
ch	————	q	——.—
d	—..	r	.—.
e	.	s	...
é	..—..	t	—
f	..—.	u	..—
g	——.	ü	..——
h	....	v	...—
i	..	w	.——
j	.———	x	—..—
k	—.—	y	—.——
l	.—..	z	——..
m	——		

2. Ziffern.

1	.————	6	—....
2	..———	7	——...
3	...——	8	———..
4	....—	9	————.
5	.....	0	—————

3. Unterscheidungs- und andere Zeichen.

Punkt	[.]	......
Strichpunkt	[;]	—.—.—.
Komma	[,]	.—.—.—
Doppelpunkt	[:]	——...
Fragezeichen oder Aufforderung zur Wiederholung einer nicht verstandenen Mitteilung	[?]	..——..
Ausrufungszeichen	[!]	—.—.——
Apostroph	[']	.——.—.
Bindestrich . . . . [-] oder	[=]	—....—
Bruchstrich	[ ]	—..—.
Klammer (vor und nach den einzuschliessenden Worten und Zahlen)	[()]	—.—.—.
Anführungszeichen (vor und nach den einzuschliessenden Worten und Zahlen	[„"]	.—..—.
Unterstreichungszeichen (vor und hinter die zu unterstreichenden Worte oder Satzteile zu setzen.	[.]	..——..
Doppelstrich	[=]	—...—
Anruf jeder Übermittelung vorangehend		—.—.—
Verstanden		...—.
Irrung (Unterbrechung)		....
Schluss der Übermittelung		.—.—.
Aufforderung zum Nehmen		—.—
Aufforderung zum Geben (kommen)		—..—
Warten		.—...
Quittung		—.—.—
Aufgearbeitet		...—.—

Namen- und Sachverzeichnis.